Bibliografische Information der Deutschen Nationalbibliothek:

Die Deutsche Bibliothek verzeichnet diese Publikation in der Deutschen National-
bibliografie; detaillierte bibliografische Daten sind im Internet über http://dnb.d-
nb.de/ abrufbar.

Impressum:

Copyright © 2003 GRIN Verlag, Open Publishing GmbH
Druck und Bindung: Books on Demand GmbH, Norderstedt Germany
ISBN: 978-3-668-22208-3

Dieses Buch bei GRIN:

http://www.grin.com/de/e-book/35380/emotionale-intelligenz-im-biologie-unterricht-
zur-foerderung-der-konfliktfaehigkeit

Stephan Niemeier

Emotionale Intelligenz im Biologie-Unterricht zur Förderung der Konfliktfähigkeit von Schülern

GRIN Verlag

GRIN - Your knowledge has value

Der GRIN Verlag publiziert seit 1998 wissenschaftliche Arbeiten von Studenten, Hochschullehrern und anderen Akademikern als eBook und gedrucktes Buch. Die Verlagswebsite www.grin.com ist die ideale Plattform zur Veröffentlichung von Hausarbeiten, Abschlussarbeiten, wissenschaftlichen Aufsätzen, Dissertationen und Fachbüchern.

Besuchen Sie uns im Internet:

http://www.grin.com/

http://www.facebook.com/grincom

http://www.twitter.com/grin_com

Hausarbeit für das 2. Staatsexamen
Lehramt Sekundarstufe 1

Stephan Niemeier

Emotionale Intelligenz im Biologie-Unterricht zur Förderung der Konfliktfähigkeit von Schülern

Studienseminar für das Lehramt Sekundarstufe 1
Bielefeld

Danksagung

Ich danke folgenden Kollegen[1] und Freunden, die mich bei dieser Arbeit unterstützt und meine Ideen und Entwürfe kritisch kommentiert haben: Heidi Bökenkamp, Andreas Niemeier, Claudia Rösch-Wegener, Susanne Schroeder und Detlef Wallbaum.

„Wer blind auf sein Gefühl vertraut, kann in die Irre gehen." Frank Ochmann

„Wenn ich mit Menschen- und Engelszungen redete und hätte die Liebe nicht, so wäre ich ein tönendes Erz oder eine klingende Schelle.

Und wenn ich weissagen könnte und wüßte alle Geheimnisse und alle Erkenntnis und hätte allen Glauben, so daß ich Berge versetzen könnte, und hätte die Liebe nicht, so wäre ich nichts. "

1. Korinther 13, 1 & 2

---

[1] Um das Lesen zu erleichtern, ist im Allgemeinen nur von den Schülern, Lehrern, Kollegen oder Freunden die Rede. Das schließt jedoch selbstverständlich beide Geschlechter ein.

0 Inhalt

0   Inhalt ____ 3

1   Gründe für die Behandlung der „Emotionalen Intelligenz" im Biologie-Unterricht _____ 4

   1.1   Beobachtungen im Schulalltag ___________________________________ 4

   1.2   Motivationen für die Behandlung der Emotionalen Intelligenz im Biologie-Unterricht ____ 5

2   Ziel der Arbeit ____ 6

3   Das Konzept der „Emotionalen Intelligenz" als Grundlage von Konfliktfähigkeit ______ 6

   3.1   Begriffliche Abgrenzung Emotionale Intelligenz? _______________________ 6

      3.1.1   Emotionen und Gefühle _____________________________________ 6

      3.1.2   Emotionale Intelligenz _____________________________________ 9

   3.2   Definition des Begriffs Konflikt _________________________________ 10

   3.3   Fähigkeiten für die Lösung von Konflikten ___________________________ 11

      3.3.1   Emotionale Fähigkeiten ____________________________________ 11

      3.3.2   Kognitive Fähigkeiten _____________________________________ 11

4   Praktische Umsetzung: Modell zur Förderung der Emotionalen Intelligenz im
Biologieunterricht ____ 11

   4.1   Interesse der Schüler am Thema „Emotionale Intelligenz" __________________ 12

   4.2   Einordnung in Richtlinien und Lehrplänen ___________________________ 12

   4.3   Reflexion emotionaler Erfahrungen _______________________________ 12

   4.4   Sozialformen als Übungsfeld ___________________________________ 13

   4.5   Konsequenzen für die Lehrerrolle ________________________________ 13

   4.6   Praktische und emotional erlebbare Übungen _________________________ 14

      4.6.1   Beschreibung der Übungen __________________________________ 14

      4.6.2   Übersicht: Zuordnung emotionaler Fähigkeiten und Übungen _______________ 18

   4.7   Biologische Unterrichtsinhalte zur Emotionalen Intelligenz _________________ 19

      4.7.1   Neurobiologie – das Gehirn und seine unentdeckten Möglichkeiten ___________ 19

      4.7.2   Verhaltensbiologie – friedvoller Umgang mit anderen ist lernbar ____________ 21

      4.7.3   Spielräume in der Biologie des Menschen aufzeigen ____________________ 23

   4.8   Unterrichtsentwurf zum Thema „Biologische Erklärung für Konfliktverhalten" ______ 24

5   Fazit ____ 29

6   Literaturverzeichnis ____ 31

1 Gründe für die Behandlung der „Emotionalen Intelligenz" im Biologie-Unterricht

1.1 Beobachtungen im Schulalltag

Innerhalb meiner Ausbildungszeit als Lehramtsanwärter an der Gesamtschule Rosenhöhe, Bielefeld konnte ich während des Schulalltages beobachten, wie sich Schüler bei Konflikten verhalten. Viele Schüler zeigen dabei ein eingeschränktes Repertoire, Konflikte zu lösen. Einige Beispiele möchte ich hier kurz darstellen:

Während einer Pause konnte ich beobachten, wie sich Schüler der 8. Klasse stritten und mehrere gemeinsam einen Schüler attackierten. Die anschließende Klärung im Gruppengespräch ergab, dass die „Freunde" den Schüler mit Gewalt vom Rauchen abhalten wollten.

Im Rahmen des Projektunterrichts „Drogenprävention – Sag Nein" in der 9. Klasse sollten im Rollenspiel unterschiedliche Möglichkeiten ausprobiert werden, angebotene Drogen (Tabak, Alkohol) angemessen abzulehnen. In dieser Situation konnten einige Schüler die Angebote nur in beleidigender Weise ablehnen und riskierten sogar – fiktiv – den Abbruch der Freundschaft.

Im Projektunterricht „Unsichtbares Theater" in der 9. Klasse sollten Schüler die folgende, von den Schülern selbst ausgedachte Situation üben. *„Ein Obdachloser sitzt in der Fußgängerzone von Bielefeld. Vor ihm liegt ein Pappschild ‚Habe Hunger'. Eine Gruppe Jugendlicher (Contra-Gruppe) nähert sich dem Obdachlosen und beginnt lautstark über ihn zu lästern. Eine weitere Schülergruppe (Pro-Gruppe) greift ein und nimmt für den Obdachlosen Partei."* Zuerst regierten die Schüler der Pro-Gruppe mit Beleidigungen und verbalen Attacken: *„Ey, laßt den Penner in Ruhe. Der hat euch nichts getan." „Was wollt ihr denn?"* antwortete die Contra-Gruppe. Trotz Sammlung verschiedener Möglichkeiten und Argumente, eskalierte die Situation schnell und endete in Rangelei. Auch nach mehreren Übungen dieser Situation in der Unterrichtsstunde fiel es vielen Schüler der Pro-Gruppe schwer, außer Anschreien, Beleidigungen und dem Einsatz körperlicher Gewalt andere Varianten der Auseinandersetzung zu finden.

Damit die Schüler die Konflikte sozial angemessen lösen können, müssen sie sich selbst wahrnehmen, die eigenen Emotionen kontrollieren, zuhören, sich in andere einfühlen, den anderen trotz unterschiedlicher Ansichten achten, Deeskalationsmaßnahmen ergreifen, sachlich argumentieren und sich entschuldigen können.

Insgesamt zeigen Schüler bei Beobachtungen im Schulalltag, dass ein Großteil über eine ihrer Reife und Altersstufe entsprechende Konfliktlösungsfähigkeit verfügt. Andere Schüler zeigen jedoch nur wenige Verhaltensvarianten, um Auseinandersetzungen zu klären. Bei so genannten „lauten Schülern" reichte das Spektrum von Anschreien, Provokation durch Ignoranz, Beleidigung, Respektlosigkeit dem Konfliktgegner gegenüber bis hin zu Gewalt. Gerade diese Schüler dominieren häufig das Gruppengefüge und prägen somit das Unterrichtsgeschehen, das soziale Leben in der Klasse bis hin zur Atmosphäre an der ganzen Schule. Sogenannte „leise Schüler" ziehen sich dagegen eher zurück oder emigrieren innerlich. Beide Verhaltensweisen tragen langfristig zur Eskalation von Konflikten bei. Dadurch werden Konflikte nicht gelöst und können zu immer häufiger auftretenden Mobbingprozessen führen.

Kollegen kommen in diesem Punkt zu folgenden Aussagen:

„Diese Kinder sind eine Belastung, aber nicht belastbar. Sie prügeln und beschimpfen Mitschüler, brechen aber beim geringsten Anlass in Tränen aus. ... Manchen von ihnen fehlt jede Fähigkeit, sich in andere Menschen hineinzuversetzen." (SUSANNE GASCHKE, Gesamtschullehrerin, in: DIE ZEIT, 11.05.2000).

Rückblickend betrachtet läßt sich eine Tendenz zur Verschlechterung der sozialen Kompetenzen vermuten: *„Während man vor 20 Jahren mit ein oder zwei auffälligen Kindern pro Klasse rechnen musste, sind es heute eher fünf oder sechs"* (SCHWARZ-WEIß-BUCH III 2001, S. 47ff).

Defizite in der emotionalen und sozialen Erziehung sind stärker in den Fokus gesellschaftlicher Wahrnehmung geraten. Die Bedeutung sozialer Kompetenz als Bestandteil notwendiger Veränderungen im Bildungwesen wurde schon Mitte der 1990er Jahre von der BILDUNGSKOMMISSION NRW (1995, S. 39) hervorgehoben. Die Bildung im diesem Bereich wird auch von politischer Seite gefordert:

Bundespräsident Johannes Rau, Grundsatzrede zur Eröffnung eines Kongresses des Bund-Länder-Forum Bildung am 13.07.2000 (Berlin): Er betonte, dass angesichts der immens wachsenden Informationsflut die Bedeutung der „sozialen Kompetenz" zunehme. „Es gilt, soziales und intellektuelles Lernen stärker zusammenzuführen." So würden neben dem notwendigen Fachwissen künftig Fähigkeiten wie Eigenverantwortung, Urteilsvermögen und Kreativität immer wichtiger. Auch Teamfähigkeit, Toleranz, die Fähigkeit zur Konfliktlösung und die Bereitschaft zur Verantwortung müssten mehr Gewicht bekommen. (nach WAZ 14.07.2000)

1.2 Motivationen für die Behandlung der Emotionalen Intelligenz im Biologie-Unterricht

Nachdem ich aufgrund eigener Beobachtungen und des gesellschaftlichen Kontextes gesehen habe, dass viele Schüler noch lernen müssen, Konflikte sozial angemessener zu lösen, habe ich mir die Frage gestellt, welchen Beitrag ich dazu in meinem Fachunterricht (Biologie und Chemie) leisten kann. Ich habe mich dann an das Konzept der emotionalen Intelligenz von DANIEL GOLEMAN (1996) erinnert. Dort werden emotionale Kompetenzen mit biologischem Wissen verknüpft, insbesondere Erkenntnisse aus den Neurowissenschaften.

Meine Hauptmotivation findet ihren Grund in der These, dass das Konzept der „Emotionalen Intelligenz" als Werkzeug zur Förderung der Konfliktfähigkeit geeignet ist.

In den Vereinigten Staaten von Amerika laufen bereits seit den 1970er Jahren Programme, die soziale und emotionale Kompetenzen in Schulen gezielt fördern (s. GOLEMAN 1996, S. 377-385). In Deutschland sind für Grundschulen bereits entsprechende Programme entwickelt worden (SCHICK & CIERPKA 2003, WESTPHAL 2003). In die Erziehungsberatung für Eltern hat das Konzept der emotionalen Intelligenz inzwischen ebenfalls Eingang gefunden (GOTTMAN 1997).

Ich will den Schülern etwas an die Hand geben, dass ihr Potential, Konflikte zu lösen, erhöht. Hierbei soll der Biologie-Unterricht emotionales Erleben und sachliches Wissen verbinden. Durch die Verknüpfung von Emotion und Wissen erlangen die gewonnenen Erkenntnisse erst jene Relevanz, durch die sie in andere Lebensbereiche - auch außerhalb von Unterricht und Schule - übertragen werden können. Hier könnte die Pubertät als Ansatzpunkt gelten, da sich die Schüler in dieser Zeit ihrer unterschiedlichen Emotionen mehr und mehr bewußt werden und sich mit Fragen auseinandersetzen: Wie bin ich? Was kann ich? Wie reagiere ich?

Das Konzept der emotionalen Intelligenz basiert auf einer Reihe neuerer Forschungsergebnisse aus der Biologie, vornehmlich der Hirnforschung. Da es relevante Erziehungsziele transportiert, bietet es sich an, es als neues Thema in den Biologie-Unterricht einzuführen. Die Biologie stellt hierzu eine Fülle neuer Aspekte, die bisher noch nicht berücksichtigt wurden, (z. B. Konflikteskalation, -lösung und Versöhnung bei Primaten, Flexibilität des Gehirns, neuronale Stolperfallen, neuronale Netzwerke erkennen Emotion und kognitives Wissen als Einheit) zur Verfügung.

Ein großer Teil emotionalen Lernens geschieht durch Beobachtung und Nachahmung, also der Orientierung an Leitbildern. In diesem Zusammenhang betont Hartmut von Hentig *„Das wichtigste Curriculum des Lehrers ist seine eigene Person"* (MEYER 2000, Didaktische Landkarte Nr. 4). Deshalb will ich meine eigenen emotionalen Fähigkeiten im Bereich emotionaler Intelligenz als Lehrer verstärken und mein Handlungsspektrum erweitern. Das versetzt mich zunehmend in die Lage, die eigene emotionale Intelligenz der jeweiligen Situation angemessen einzusetzen.

Ich erhoffe mir zudem, gemeinsam mit Kollegen eine andere Sicht auf Schülerverhalten zu schärfen und Schülerverhalten exakter zu deuten. Letztlich könnte es mir und Kollegen helfen, mein eigenes Verhalten besser zu verstehen und auf Schüler angemessener reagieren zu können.

„Leitendes Ziel der Erziehung in der Gesamtschule ist es, junge Menschen zur Selbständigkeit und zum friedlichen Miteinander in einer demokratischen Gesellschaft zu erziehen." (MINISTERIUM FÜR SCHULE UND WEITERBILDUNG, WISSENSCHAFT UND FORSCHUNG 1999, S. 11). Soziale und emotionale Kompetenzen der Schüler zu fördern, gehört zu den elementaren Aufgaben aller schulischen Fächer. Das Konzept der emotionalen Intelligenz in den Biologie-Unterricht einzubringen, könnte also einen Beitrag zum sozialen Lernen leisten.

2 Ziel der Arbeit

Ziel ist es, ein Unterrichtsmodell vorzustellen, dass das Konzept der Emotionalen Intelligenz umsetzt, mit Kenntnissen aus der modernen Biologie erklärt und vor allem Fähigkeiten, Konflikte angemessen zu lösen, fördert.

3 Das Konzept der „Emotionalen Intelligenz" als Grundlage von Konfliktfähigkeit

3.1 Begriffliche Abgrenzung Emotionale Intelligenz?

Zunächst soll in diesem Kapitel geklärt werden, was Emotion und Gefühl sind und wie sie miteinander zusammen hängen. Anschließend wird das Konzept der Emotionalen Intelligenz dargestellt.

3.1.1 Emotionen und Gefühle

Über den Begriff „Emotion" streiten sich Psychologen und Philosophen seit mehr als 100 Jahren. Das *Oxford English Dictionary* definiert „Emotion" als „eine Beunruhigung oder Störung der Seele, Gefühl, Leidenschaft; ein heftiger oder erregter Gemütszustand" (GOLEMAN 1996, S. 363). Goleman selbst legt seinem Konzept eine andere Definition von „Emotion" zugrunde: „ *... ein Gefühl mit den ihm eigenen Gedanken, psychologischen und biologischen Zuständen sowie den entsprechenden Handlungsbereitschaften. Es gibt Hunderte von Emotionen mitsamt ihren Mischungen, Variationen, Mutationen und Nuancen. Im Grunde gibt es so viele Verästelungen der Emotion, dass uns die Worte dafür fehlen.*" (GOLEMAN 1996, S. 363).

DAMASIO schlägt vor, die Begriffe *Emotion* und *Gefühl* sprachlich zu trennen:

„***Emotionen*** *sind ... die oft nur schwer zu fassenden, unbewußten Seelenregungen, der weit überwiegende Teil, was uns im Innersten rührt und bewegt. **Gefühl** ist das, was uns bewusst und zum Gedanken wird, was wir aussprechen und mitteilen können: Ich habe Angst. Ich liebe dich. Wie wohl ist mir.*" (OCHMANN 2003, S. 99). Unterschieden wird zwischen den **primären Emotionen** (Trauer, Furcht, Freude, Zorn, Überraschung, Ekel), den **sekundären oder sozialen Emotionen** (Verlegenheit, Eifersucht, Schuld, Stolz und andere) sowie den **Hintergrundemotionen** (z.B. Wohlbehagen, Unbehagen, Ruhe oder Anspannung) (DAMASIO 2002, S. 67ff).

DAMASIO (2002, S. 68-69) umreißt den zentralen biologischen Kern, den alle emotionalen Phänome gemeinsam haben:

1. *„Emotionen sind komplizierte Bündel von chemischen und neuronalen Reaktionen, die ein Muster bilden. Alle Emotionen regulieren und führen ... zur Entstehung von Umständen, die vorteilhaft für den (betroffenen) Organismus sind ... Emotionen haben mit dem Leben eines Organismus zu tun, seines Körpers, ... (helfen) dem Organismus, ... am Leben zu bleiben.*

2. *... Lernen und Kultur (verändern zwar) den Ausdruck von Emotionen und (verleihen) ihnen Bedeutung. ... Emotionen sind jedoch biologisch (vorbestimmte) Prozesse, die von angeborenen Hirnstrukturen abhängen, und diese wiederum (sind das Ergebnis) ... einer langen evolutionären Geschichte.*

3. *Strukturen, die Emotionen hervorbringen, befinden sich in einem ... Gebiet von subcorticalen (Hirn)-Regionen, die in der Tiefe des Hirnstamms beginnen und in immer höhere Gehirnbereiche aufsteigen. ...*

4. *Alle Mechanismen können ... ohne bewußte Auslösung in Gang gesetzt werden. Dass es dabei große individuelle Schwankungen gibt und die Kultur bei der Ausformung einiger Auslöser eine Rolle spielt, ändert nichts daran, dass Emotionen außerordentlich stereotyp und automatisch sind und einem regulatorischen Zweck dienen.*

5. *Allen Emotionen dient der Körper ... als Theater, doch Emotionen beeinflussen auch die Arbeitsweise zahlreicher Schaltkreise des Gehirns: Die Vielfalt der emotionalen Reaktionen ist für tiefgreifende Veränderungen in der Landschaft des Körpers und des Gehirns verantwortlich. Die Gesamtheit dieser Veränderungen bildet das Substrat der neuronalen Muster, die schließlich zu gefühlten Emotionen werden.*"

Nach dem Konzept von DAMASIO hängen basale Lebensregulation, Emotionen, Gefühle und Bewußtsein zusammen. Dies soll folgende Tabelle verdeutlichen (nach DAMASIO 2002, S. 73):

EBENEN DER LEBENSREGULATION		**Beispiele**
Höhere Denkprozesse 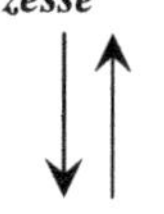	*Komplexe, flexible und individuell zugeschnittene Reaktionspläne werden in bewussten Vorstellungen formuliert und unter Umständen als Verhalten ausgeführt.* *BEWUSSTSEIN*	Ich habe Angst, einen Fehler zu machen und sage deshalb lieber gar nichts.
Gefühle 	*Sensorische Muster, die Schmerz, Lust und Emotionen signalisieren, werden zu Vorstellungen.*	Ich liebe dich. Ich bin wütend. Ich habe Angst. Ich freue mich.
Emotionen	*Komplexe, stereotypisierte Reaktionsmuster, zu denen auch primäre und sekundäre Emotionen und Hintergrundemotionen gehören.*	Schmerz, Lust, Hunger, Durst, Sex, Neugier, Spiel, Angst, Zorn, Liebe, Freude
Basale Lebensregulation	*Relativ einfache, stereotypisierte Reaktionsmuster, zu denen Stoffwechselregularien und Reflexe gehören, der biologische Mechanismus der Prozesse, die zu Schmerz und Lust, Trieben und Motivationen werden.*	Immunantwort, Reflexe, Herzschlag, Atmung, Verdauung

Die Pfeile zeigen an, dass die unterschiedlichen Stufen in Beziehung stehen. **Der oben dargestellte Zusammenhang zwischen Emotionen, Gefühlen und höheren Denkprozessen dient als Grundlage für das zu entwickelnde Unterrichtsmodell.**

Bis zu Zeiten vor der „Entdeckung" der emotionalen Intelligenz hatten sich die neurowissenschaftlichen Untersuchungen eher mit der kognitiven Intelligenz beschäftigt. Mit standardisierten Testverfahren sollte sie gemessen werden, unter anderem, weil man Aussagen über den schulischen und beruflichen Erfolg sich erhoffte. Das Gehirn wurde als Sitz unseres kühlen, rationalen Verstandes angesehen. Emotio und Ratio wurden als Gegensatz oder zumindest als voneinander unabhängig angesehen. Forschungsergebnisse aus den letzten 10 – 15 Jahren belegen jedoch das genaue Gegenteil: Intellekt und Emotion sind miteinander verbunden (GREENSPAN & BENDERLY 2001, S. 24).

Es sind gerade die Emotionen, die unsere Ideen und Gedanken strukturieren. *„Denken beruht also auf zwei Voraussetzungen. Zunächst muss wenigstens ansatzweise eine emotionale Struktur da sein, die Ereignisse und Ideen sortiert und organisiert, noch bevor wir Worte und Symbole verwenden ... Diese emotionale Organisation gibt uns buchstäblich die Möglichkeit, Ideen zu kreieren ... Sodann benötigen wir einen Prozess des Prüfens, Herumtüftelns und Abwägens, der diese Gedanken dann im Lichte unserer Fähigkeit zum logischen Denken bewertet."* (GREENSPAN & BENDERLY 2001, S. 43).

GOLEMAN unterscheidet nicht zwischen Emotionen und Gefühlen. Er schlägt jedoch eine Ordnung der Emotionen (und Gefühle) vor (GOLEMAN 1996, S. 363ff):

- ***Zorn*** *(Wut, Empörung, Groll, Aufgebrachtheit, Entrüstung, Verärgerung, Erbitterung, Verletztheit, Verdrossenheit, Reizbarkeit, Feinseligkeit, im Extremfall krankhafter Hass und Gewalttätigkeit)*
- ***Trauer*** *(Leid, Kummer, Freudlosigkeit, Trübsal, Melancholie, Selbstmitleid, Einsamkeit, Niedergeschlagenheit, Verzweiflung und schwere Depression)*
- ***Furcht*** *(Angst, Furchtsamkeit, Nervosität, Besorgnis, Bestürzung, Bangigkeit, Zaghaftigkeit, Bedenklichkeit, Gereiztheit, Grauen, Entsetzen, Schrecken, pathologisch als Phobie, Panik)*
- ***Freude*** *(Glück, Vergnügen, Behagen, Zufriedenheit, Seligkeit, Entzücken, Erheiterung, Fröhlichkeit, Stolz, Sinneslust, Erregung, Verzückung, Befriedigung, Euphorie, Laune, Ekstase, Manie)*
- ***Liebe*** *(Akzeptanz, Freundlichkeit, Vertrauen, Güte, Affinität, Hingabe, Anbetung, Vernarrtheit, Agape)*
- ***Überraschung*** *(Schock, Erstauen, Verblüffung, Verwunderung)*
- ***Ekel*** *(Verachtung, Geringschätzung, Verschmähen, Widerwille, Abneigung, Aversion, Überdruss)*
- ***Scham*** *(Schuld, Verlegenheit, Kränkung, Reue, Demütigung, Bedauern, Kasteiung und Zerknirschung)*

Natürlich erhebt diese Liste keinen Anspruch auf Vollständigkeit, zumal viele Emotionen Mischungen aus diesen Grundemotionen sind. Vielmehr ist unser komplexes Gefühlsleben unendlich nuancenreich (GOLEMAN 1996, S. 365).

3.1.2 Emotionale Intelligenz

Ende des 20. Jahrhunderts taucht neben dem bekannten Begriff der Intelligenz als vornehmlich kognitive Fähigkeiten, die als Intelligenz-Quotienten gemessen wurden, die Bezeichnung „emotionale Intelligenz" auf. Die beiden amerikanischen Psychologen PETER SALOVEY und JOHN MAYER nutzten diesen Begriff, um emotionale Eigenschaften und Fähigkeiten zu benennen, die den Lebenserfolg im beruflichen und privaten entscheidend prägen.

SALOVEY gliedert die emotionale Intelligenz in fünf Bereiche (GOLEMAN 1996, S. 65f):

1. ***Die eigenen Emotionen kennen.*** *Die „Achtsamkeit" bzw. Selbstwahrnehmung, also das Erkennen eines auftretenden Gefühls sei die Basis der emotionalen Intelligenz.*

2. ***Emotionen handhaben.*** *In der Lage sein, mit Emotionen angemessen umzugehen, ... baut auf die Selbstwahrnehmung auf.*

3. ***Gefühle in die Tat umsetzen.*** *Emotionen nach einem Ziel ausrichten zu können ist wesentlich für unsere Aufmerksamkeit, Selbstmotivation, Könnerschaft und Kreativität. Emotionale Selbstbeherrschung - Frustrationstoleranz, Impulse zu unterdrücken und auf Belohnungen warten zu können - ist die Grundlage für jeden Erfolg.*

4. ***Empathie.*** *Basis der „Menschenkenntnis" ist die Fähigkeit, zu wissen, was andere fühlen. Sie baut auch auf der Selbstwahrnehmung auf. Wer einfühlsam ist, nimmt auch eher soziale Signale wahr. Empathisch sein bedeutet auch, das eigene Handeln nach diesen Wahrnehmungen auszurichten.*

5. ***Umgang mit Beziehungen.*** *Mit den Emotionen anderer umgehen zu können ist die Grundlage der sozialen Kompetenz und die Voraussetzung für Beliebtheit, Anerkennung und zwischenpersonale Effektivität.*

Bekannt geworden ist das Konzept der emotionalen Intelligenz allerdings durch den Wissenschaftspublizisten DANIEL GOLEMAN (1996). Das Konzept der emotionalen Intelligenz besagt, dass für den „Lebenserfolg" es nicht nur entscheidend ist, über welche kognitive Intelligenz jemand verfügt. Vielmehr offenbart sich der Erfolg im Beruf und Privatleben an der Fähigkeit, die eigenen Gefühle der jeweiligen Situation entsprechend intelligent kontrollieren und einsetzen zu können. Oder die Eignung, Kompromisse eingehen zu können, also die eigenen Interessen mit denen anderer abwägen zu können. Langfristige Folgen des eigenen Handelns abschätzen zu können. Letztendlich ist das emotionale Lernen mit sozialen Lernen verknüpft (HEIMLICH 1988).

Wenn GOLEMAN (1996) oder andere Autoren (DÖRR & GÖPPEL 2003, GOTTMAN & DECLAIRE 1997, GREENSPAN & BENDERLY 2001, STEINER & PERRY 1997, STEMME 1997, WESTPHAL 2003), die sich mit der emotionalen Intelligenz beschäftigen, von der Kontrolle der Gefühle reden, dann ist damit nicht etwa gemeint, die eigenen Gefühle zu unterdrücken. Ziel ist innere Ausgeglichenheit: Jedes Gefühl hat seinen Wert und seine Bedeutung.

„Der Schlüssel zum emotionalen Wohlbefinden liegt denn auch darin, unsere bedrängenden Emotionen im Schach zu halten. Emotionen, die zu intensiv werden oder zu lange anhalten, untergraben unsere Stabilität" (GOLEMAN 1996, S. 79).

Die Idee, Schüler bzw. Kinder in sozialer und emotionaler Kompetenz zu schulen und zu fördern ist nicht neu (STEMME 1997, S. 33). Der Wert an dem Goleman'schen Konzept liegt jedoch in der umfangreichen Sammlung an Erkenntnissen aus der Neurobiologie zum Wirken von Emotionen im Gehirn und wie sie sich auf die menschliche Entwicklung auswirken (WESTPHAL 2003, S. 7).

3.2 Definition des Begriffs Konflikt

Mit der Entscheidung emotionale Fähigkeiten für die Konfliktlösung näher zu betrachten, wird es notwendig, Konflikte zu definieren.

Nicht jede Meinungsverschiedenheit oder kleine Streiterei stellt gleich einen Konflikt dar. Die meisten Unterschiede und Unvereinbarkeiten werden im Vorfeld kommunikativ gelöst z. B. durch Rückzug, Humor, Schweigen, Anerkennung der Positionen oder angeregten Diskussionen. Konflikte entstehen aus Unvereinbarkeiten, wenn sich eine Partei durch die andere Seite beeinträchtigt fühlt. Da sich auch die Theorie der systemischen Erziehungswissenschaft auf das Konzept der Emotionalen Intelligenz bezieht (HUSCHKE-RHEIN 1998, S. 44), werde ich im folgenden eine systemisches Konfliktverständnis erläutern:

In der systemischen Beratung definiert man Konflikte als „ ... *eine Interaktion zwischen Parteien (Individuen, Gruppen, Organisationen etc.), wobei wenigstens eine Partei Unvereinbarkeiten im Denken, Fühlen und Wollen mit der anderen Partei in der Art erlebt, dass im Realisieren (des Eigenen) eine Beeinträchtigung durch die andere Partei erfolgt"* (GLASL 1999). Ein Konflikt (nach GLASL) entsteht also, wenn so kommuniziert wird, dass versucht wird, die als beeinträchtigend erlebten Aktionen des Anderen unwirksam zu machen.

3.3 Fähigkeiten für die Lösung von Konflikten

In diesem Kapitel soll das Thema „Emotionale Intelligenz" auf den Bereich der Konfliktlösung zugeschnitten werden. Die zentrale Fragestellung ist dabei, welche emotionalen und kognitiven Fähigkeiten sind für eine sozial angemessene Konfliktlösung nötig?

3.3.1 Emotionale Fähigkeiten

In einem Konflikt sind wir zuerst emotional betroffen und gefordert. In diesem Prozess fällt es vielen Menschen schwer, **eigene Gefühle wahrzunehmen und zu erkennen**. Aus diesem Grund ist es wichtig, diese **Gefühle** auch **aus der Distanz betrachten** zu können und nicht in ihnen zu versinken. Beispielsweise rasende Wut und panische Angst stehen einer konstruktiven Konfliktlösung oft im Wege. Die Konfliktpartner müssen demnach nicht nur **eigene Positionen einnehmen**, die **Heftigkeit der Gefühle der anderen erkennen**, sondern vor allem **sich selbst kontrollieren** können. Die **Zügelung der Impulse** und die Verringerung von Stress sind somit zentrale Bestandteile der erforderlichen emotionalen Fähigkeiten. Der Kontakt zu den eigenen Gefühlen ist die Grundlage für alle großen und kleinen Entscheidungen, die wir im Leben fällen (DAMASIO 1997). Dies wiederum erfordert ein hohes Maß an **Empathie** und Toleranz. Denn nur so können Verhaltens- und Handlungsweisen des Gegenüber aufgegriffen, reflektiert und behandelt werden. Von weiterer zentraler Bedeutung ist die Fähigkeit, das **eigene Handeln in Frage stellen** zu können. Emotional ist oft derjenige konfliktstärker, der zu seinen Fehlern und Schwächen stehen kann.

3.3.2 Kognitive Fähigkeiten

Nachfolgend aber auch verknüpfend mit den emotionalen sind folgende kognitive Fähigkeiten für die erfolgreiche Konfliktlösung erforderlich:

Das Führen eines „inneren Dialogs" (GOLEMAN 1996, S. 377), also das **Selbstgespräch** ist die grundlegende kognitive Kompetenz. Nur so können **Konfliktpartner erkannt** werden, soziale Hinweise entsprechend gedeutet und die **Sichtweisen anderer verstanden** werden. Außerdem erfordert eine konstruktive Konfliktlösung im kognitiven Bereich eine realistische **Selbstwahrnehmung**, die **Reflexion von Emotionen** und die Herstellung einer **gesunden Balance zwischen Kompromissfähigkeit und Durchsetzungsvermögen**. Letztendlich können nur dann Win-Win-Situationen erreicht werden, in denen jede Konfliktpartei den subjektiven Eindruck hat, gewonnen zu haben.

Von weiterer entscheidender Bedeutung ist die Fähigkeit, **emotionale und kognitive Fähigkeiten miteinander zu verbinden** und zu einem erfolgreichen Duo zu machen. Schließlich müssen diese Erkenntnisse im Handeln ausgerichtet und als **langfristige Konsequenzen des Verhaltens berücksichtigt** werden. Dies ermöglicht dann die Entwicklung einer selbst bestimmten und humorvollen Persönlichkeit, die sich souverän im **Umgang mit Stärken und Schwächen** zeigt.

4 Praktische Umsetzung: Modell zur Förderung der Emotionalen Intelligenz im Biologieunterricht

Im Folgenden werden die einzelnen Bausteine des Modelles vorgestellt. Sie sollen jedoch nicht im Unterricht isoliert nebeneinander stehen, sondern gerade die Verknüpfung vertieft die Lerneffekte.

4.1 Interesse der Schüler am Thema „Emotionale Intelligenz"

Sicherlich sind die Interessen der Schüler an der Thematik der Emotionalen Intelligenz sehr vielfältig. Trotzdem lassen sich Tendenzen vermuten. So haben viele Schüler insbesondere während der Pubertät Spaß daran, sich selbst besser zu verstehen. Sie wollen wissen, warum sie sich so oder so in einer bestimmten Situation verhalten. Teilweise können sie sich so emotional entlasten und Schuld-, Angst- oder Lustgefühle bearbeiten. Ihr Eingangsinteresse betrifft nur sehr selten die konkreten biologischen Fachbereiche, sondern verortet sich im direkten Gewinn für das Zusammenleben. Außerdem wollen sie im Unterricht etwas erleben. Oft erkennen sie auch, dass sie über den Erwerb von emotionalen Kompetenzen flexibler in ihren Beziehungen und Konflikten agieren können. Dabei spielt der Umgang mit Wut und Angst – der eigenen und der anderer – eine zentrale Rolle. Damit fühlen sie sich vorbereitet auf den Berufs- und Lebensalltag.

4.2 Einordnung in Richtlinien und Lehrplänen

In den Fachrichtlinien Naturwissenschaften (MINISTERIUM FÜR SCHULE UND WEITERBILDUNG, WISSENSCHAFT UND FORSCHUNG 1999) können die Themen „Neurologie bzw. Hirnfunktionen" und „Verhalten" im Rahmenthema „Kommunikation und Verständigung" behandelt werden.

4.3 Reflexion emotionaler Erfahrungen

„Ich dät viel liewer noch mehr spiele und wänischer driwwer redde." – „Nä, durchs Redde merke mer erscht, was net stimmt." [Ich würde lieber noch mehr spielen und weniger drüber reden. – Nein, durch das Reden merken wir erst, was nicht stimmt.] (spontane Äußerungen pfälzischer Grundschüler nach Interaktionsspielen, HEIMLICH 1988, S. 8)

Reflexion hebt die Gefühle und Emotionen in den bewußten Wahrnehmungsbereich. Dadurch können sie durch den Kortex verarbeitet werden (DAMASIO 2002). Allen voran hat die Sprache die Funktion, Gefühle und Emotionen in den Bereich des Bewußtseins zu tragen. Allein schon durch das Benennen von Gefühlen besteht die Möglichkeit der inneren Distanz und eines bewussten Umgangs. Die Reflexion ermöglicht uns somit ein geändertes Handlungsmuster.

Schüler haben häufig Schwierigkeiten, über ihre Gefühle und Emotionen zu sprechen. Zum einen liegt das daran, dass die Schule und die Lerngruppe kein sozial „luftleerer" Raum ist. Was ich von mir preisgebe, hat auch soziale Konsequenzen. Für Jugendliche spielt es häufig eine große Rolle, beliebt zu sein, Peinlichkeiten zu vermeiden, um sich Sticheleien nicht auszusetzen. Da dies für ihn im Sozialgefüge Folgen haben kann, lernt der Jugendliche schnell, am besten keine Gefühle zu zeigen (GOTTMAN 1997, S. 280).

Dieser Tendenz kann der Lehrer entgegenwirken, indem er versucht eine vertrauensvolle Atmosphäre zu erzeugen. Zum Beispiel in dem er selbst über eigene Gefühle redet. Genauso wichtig ist, dass er als Regel einführt und einfordert, dass niemand wegen seiner Gefühlsäußerungen „niedergemacht" wird.

Ein anderer Grund für das Unvermögen Gefühle und Emotionen zu benennen liegt darin, dass viele Schüler noch nicht über das geeignete Vokabular verfügen, um sprachlich auszudrücken, was sie gerade fühlen oder gefühlt haben. Wie kann man also über Gefühle sprechen? Da der Körper die

Bühne für unsere Emotionen ist (DAMASIO 2002, S. 69), sollten man bei körperlichen Empfindungen beginnen (Schmetterlinge im Bauch, Enge im Hals, Muskelspannung). Schüler könnten hier vielleicht als ersten Schritt äußern, dass sich etwas gut oder schlecht anfühlt. Das reicht noch nicht aus, denn die Trauer über den Verlust der Eltern, die Wut über ungerechte Behandlung oder die Angst, bei der nächsten Klassenarbeit zu versagen unterscheiden sich erheblich. Der nächste Schritt könnte die Zuordnung zu einer der Gefühlsfamilien (s. Kapitel 3.1.1) sein. Auf diese Weise kann Schülern geholfen werden, ein bestimmtes Gefühl ganz konkret zu benennen. Damit die Schüler lernen, Gefühle konkret zu charakterisieren, sollte der Lehrer – insbesondere beim ersten Mal – hartnäckig bleiben. Die Gliederung der Gefühle und Emotionen kann den Lehrer darin unterstützen, die emotionalen Erfahrungen der Schüler strukturiert auszuwerten. Ein Beispiel für eine solche Anwendung ist im Unterrichtsentwurf in der Auswertung des Experimentes „Fair handeln" (s. 4.8) zu finden.

4.4 Sozialformen als Übungsfeld

Emotionales und soziales Lernen geschieht nur zu einem kleinen Teil in der bewußten Auseinandersetzung in Übungen oder gedanklichen Beschäftigung mit biologischen Inhalten. Die Klasse selbst ist ein zielorientiertes, soziales und emotionales Lernfeld für die Schüler und den Lehrer (GUDJONS 1978, S. 26). Aufgabe des Lehrers ist es hierbei zu beobachten und bewußt zu entscheiden, wann und wie die Klasse bei der Selbstregulation unterstützt werden muss. Dabei ist es besonders wichtig, die emotionalen Fähigkeiten der Schüler genau zu ermitteln und den nächsten Schritt zu planen. Dabei können die fünf Bereiche der emotionalen Intelligenz nach SALOVEY (s. 3.1.2) helfen.

Von allen Sozialformen können vor allem während der Gruppenarbeit die meisten Gelegenheiten für emotionale und soziale Lektionen entstehen. Schüler müssen sich untereinander organisieren. Sie müssen ihre eigenen Impulse und Interessen mit denen anderer Gruppenmitglieder abgleichen. Besonders gefordert sind die Schüler, wenn es innerhalb dieser Prozesse zu Konflikten kommt. Hier liegt ein großes Potential, zu üben, wie man Konflikte vermeidet oder sozial angemessen regelt. Der Lehrer sollte auftretende Konflikte als Gelegenheiten zum emotionalen Lernen nutzen.

4.5 Konsequenzen für die Lehrerrolle

Zuwendung und Geborgenheit sind soziale Grundbedürfnisse, die auch in der Schule erfüllt werden müssen (BIRKENBIHL 2002, S. 26). Vertrauen und emotionale Nähe zum Lehrer begünstigen und fördern das Lernen (WESTPHAL 2003). Deshalb ist es so grundlegend, dass der Lehrer zu den Schülern eine intakte Beziehung aufbaut und unterhält. Gerade in dieser Beziehungsarbeit lernen Schüler, wie man Konflikte lösen kann. Dies vor allem auch, wenn sie Konflikte und deren Lösung in der Klasse beobachten können. Um also als Vorbild dienen und handeln zu können, muss der Lehrer ständig an der eigenen emotionalen Kompetenz, hier vor allem der Konfliktfähigkeit arbeiten und bereit sein zur eigenen Persönlichkeitsbildung.

Der Lehrer muss eine innere Haltung einnehmen, die den Schüler Anerkennung und Ermutigung signalisiert. Das betrifft besonders die Gefühlsäußerungen des Schülers (GOTTMANN 1997, S. 83). Das soll nicht bedeuten, dass er jedes Verhalten akzeptiert, sondern dass er die Beweggründe anerkennend hinterfragt. Unangemessenem Verhalten sollte der Lehrer selbstverständlich Grenzen setzen.

Der Lehrer muss den Blick auf die positiven Fähigkeiten von Schülern schärfen. Erst wenn der Schüler seine Stärken bestätigt bekommt, kann er auch seine Schwächen annehmen lernen und ist bereit, sich mit Fehlern im Lernprozess konstruktiv auseinander zu setzen.

Schüler erwarten von ihrem Lehrer Fairness und Gerechtigkeit. Als Lehrer berechenbar zu sein gibt den Schülern die nötige emotionale Sicherheit und ist Grundlage für Vertrauen.

Der Lehrer muss die eigenen Emotionen auch in schwierigen Situationen kontrollieren können. Um den hohen emotionalen Anforderungen an die Lehrerrolle gerecht zu werden, brauchen Lehrer auch Raum und Zeit für Reflexion. Hierbei würde es schon helfen, wenn Lehrer in emotional wichtigen Unterrichtseinheiten zu zweit unterrichten oder von Sozialpädagogen unterstützt würden.

Um Schüler bei der angemessenen Umsetzung ihrer Gefühle in Taten zu unterstützen, sollte er die Impulskontrolle bei Schülern konsequent verstärken.

Wenn Schüler Konflikte untereinander nicht lösen können, ist der Lehrer oft als Vermittler gefragt. Hier sollte er die biologische Grundlagen der emotionalen Intelligenz beachten, indem in der Rolle als Moderator beide Konfliktparteien ernst nimmt und versucht, das Verständnis für den anderen zu ermöglichen. Das kann dadurch geschehen, indem er die Schüler ermuntert, den Standpunkt des anderen vor der eigenen Stellungnahme zu wiederholen.

Schüler lernen emotional am intensivsten, wenn sie an der Lösung eines Problems oder Konfliktes aktiv beteiligt sind. Deshalb sollte der Lehrer versuchen, angepasst an den emotionalen und sozialen Entwicklungsstand, Verantwortung an die Schüler abzugeben.

Schüler wünschen sich in einem Konflikt von ihrem Lehrer, *„dass er Unterschwelliges erkennt, Empfindungen nachvollzieht, Zusammenhänge wahrnimmt und den Beteiligten zu neuen Einsichten verhilft"* (WESTPHAL 2003, S. 45).

4.6 Praktische und emotional erlebbare Übungen

Die praktischen Übungen sollen als Impuls für eine Unterrichtsstunde oder eine ganze Reihe dienen. In der Auswertung werden dann die biologischen Inhalte zur Erklärung oder Deutung herangezogen. Da Emotionen für unsere Wahrnehmung – wie neurowissenschaftliche Forschungen belegen (DAMASIO 2002, LEDOUX 2001, ROTH 2001)– das primäre sind, ist es sinnvoll, vom emotionalen Erleben auszugehen.

Soziale und emotionale Übungen müssen in den Unterricht mit eingeplant werden. Der Zugang zur Wirklichkeit wird somit direkt erfahren. Spiele helfen zur intrinsischen Motivation, denn die Tätigkeiten selbst haben positiven Aufforderungscharakter (HEIMLICH 1988, S. 17).

4.6.1 Beschreibung der Übungen[2]

Die Übungen sind in alphabetischer Reihenfolge aufgelistet.

---

[2] Da ich die meisten Übungen aus eigenen Seminaren und mündlicher Überlieferung durch Kollegen aus der politischen Bildung kenne, können die Quellen hier leider nicht anführt werden.

Bermuda-Dreieck oder Giftseil

Gruppenaufgabe. Die gesamte Gruppe befindet sich in einem etwa 10 m² großen Dreieck des Raumes, welches durch ein in Kinnhöhe gespanntes Gummiseil markiert ist. Alle Schüler der Gruppe müssen über das Gummiseil ohne weitere Hilfsmittel innerhalb von 20 Minuten hinwegkommen. Bei jeglicher Berührung des Gummiseils müssen alle Teilnehmer wieder zurück in das Dreieck.

Diese Übung mit geringem Materialaufwand erfordert ein hohes Maß an sozialer Kompetenz und schult gleich mehrere emotionale und soziale Fähigkeiten. Die Schüler können diese Aufgabe nur bewältigen, wenn es ihnen gelingt sich als gesamte Gruppe zu koordinieren. Sie müssen dazu alle bestehenden internen Konflikte hinten anstellen. Diese Übung ist nur für Gruppen geeignet, die schon etwas Vertrauen untereinander gewonnen haben. Keinesfalls eignet sich dieses Spiel als Einstiegsübung!

Blitzlicht

Momentaufnahme von dem Befinden des Einzelnen. Jedes Gruppenmitglied wird (der Reihe nach) aufgefordert, sich kurz zu äußern.

Castor-Transport oder Elefantenspiel

Szenenspiel. Szene aus einer Demonstration gegen einen Castor-Transport: Demonstranten blockieren die Schienen. Polizisten versuchen so schnell wie möglich, die Demonstranten von den Schienen zu entfernen. Simuliert wird das anhand einer Decke, die die Schienen darstellen. Die gesamte Klasse wird in zwei Gruppen Demonstranten und Polizisten willkürlich aufgeteilt.
Regel 1: keine Gewalt, was auch immer die Teilnehmenden unter Gewalt verstehen.
Regel 2: auf einen Stopp-Ruf eines Demonstranten müssen die Polizisten die Aktion an den Demonstranten sofort beenden. Der Demonstrant muss aufstehen und die Schienen verlassen.

Fair handeln

Beschreibung siehe Kapitel 4.8.

Gefühlscharade

Pantomime-Spiel. Auf vorbereiteten Karten steht jeweils ein emotionaler Gedanke. Zwei Gruppen spielen gegeneinander. Ein Spieler der Gruppe A erhält verdeckt eine Karte, die er der eigenen Gruppe pantomimisch darstellt. Gruppe A hat 30 Sekunden Zeit, den Begriff zu erraten. Dann gesellt er sich wieder zu seiner Gruppe. Der nächste Spieler von Gruppe A ist dran. Nach jeweils 5 Begriffen werden die Mannschaften gewechselt. Gewonnen hat die Mannschaft mit den meisten erratenen Begriffen.
Eine Variationsmöglichkeit wäre, wenn zunächst der Lehrer die Begriffe darstellt und die Schüler raten.
Mögliche Begriffe wären:
Ich habe Angst. Ich mag dich. Lass mich bloß in Ruhe. Ich finde dich doof. Donnerwetter, du bist gut! Ich bin traurig. Ich ärgere mich über dich. Ich bin damit nicht einverstanden. Wo bin ich bloß? Oh, ist mir schlecht. Ich will hier weg! Ich brauche Hilfe. Ich entschuldige mich. Was hast du gesagt? Lass bitte! Hoffentlich komme ich jetzt nicht dran! Ich muss mal, trau mich aber nicht zu fragen. Ich bin ja so glücklich. Was soll ich machen? Verzeihst du mir? Willst du mit mir gehen? Kei-

ner mag mich. Puh, ist das spannend. Ich schäme mich ein bißchen. Das ist ja furchtbar! Ich haue gleich zu. Nicht der schon wieder. (ergänzt aus: WESTPHAL 2003, S. 125f).

Gummibärchenkette

Beschreibung siehe Kapitel 4.8.

Heikle Fragen

Stuhlkreisübung. Eine Person (zu Beginn Spielleiter) steht in der Mitte und nennt eine Eigenschaft oder Tätigkeit. Am besten bei weniger verfänglichen Fragen beginnen wie „Alle Brillenträger tauschen die Plätze". Alle, die das betrifft, tauschen die Plätze. Eine Person bleibt übrig und stellt die nächste heikle Frage.

Heißer Punkt

Rhetorikübung. Die Schüler dürfen sich einzeln vor die Gruppe stellen und eine eigene positive Fähigkeit mit einem entsprechenden Erfolgserlebnis vorstellen, anschließend werden nonverbale Signale besprochen und reflektiert.

Obstkorb

Pantomimische Übung. Ein unsichtbarer Obstkorb geht rum. Jeder nimmt sich der Reihe nach eine Frucht seiner Wahl und verspeist sie möglichst realitätsnah.

Parkbank

Szenenspiel. eine Stuhlreihe oder Bank auf der Gruppenbühne. Es wird angekündigt, dass in den nächsten Minuten auf dieser Parkbank eine leidenschaftliche Liebesszene stattfinden wird. Wer mit wem oder vielleicht alleine, das entscheiden die Schüler spontan. Bis letzte Spieler auf der Parkbank übrig geblieben ist, muss die Liebesszene stattgefunden haben.
Es gibt zwei Kommandos des Spielleiters: Wachsen und Schrumpfen. Bei *Wachsen* geht ein Schüler in einer selbst gewählten Rolle auf die Parkbank. Falls dort schon jemand ist, soll interagiert werden. Bei *Schrumpfen* entfernt sich ein Schüler.

Rettungsboot

Planspiel. Sieben Teilnehmer mit verschiedenen zugeschriebenen Rollenprofilen befinden sich in einem Rettungsboot, welches nur für sechs Personen gedacht ist. Das Boot sinkt in einer vorgegebenen Zeit und die Insassen müssen entscheiden, wie sie die Situation lösen.

Rollenspiele

aus selbst erfahrenen Situationen sollen kurze Szenen in Kleingruppen erarbeitet und in der Gesamtgruppe vorgeführt und ausgewertet werden.

Sinn des Lebens

Übung aus der Trauertherapie. Es spricht nur der Spielleiter. Jedes Gruppenmitglied erhält fünf Zettel. Auf die einzelnen Zettel werden folgende Begriffe geschrieben:

- Die **Person**, die mir am wichtigsten ist.
- Der **Wahrnehmungssinn** (Hören, sehen, fühlen, schmecken, riechen), auf den ich am wenigsten verzichten will.
- Der **Gegenstand**, auf den ich am wenigsten verzichten will.

- Die **Fähigkeit**, auf die ich am wenigsten verzichten will.
- Einen **Wunsch**, den ich habe.

Die Schüler sollen sich nur auf ihre eigenen Gefühle konzentrieren („Horcht in euch rein"). Anschließend werden die Schüler aufgefordert, jenen Zettel auszuwählen, auf den sie am ehesten verzichten können und vor sich hinzulegen. Der Spielleiter sammelt alle Zettel ein und zerreißt als symbolischen Akt die Zettel einzeln vor allen, ohne zu sie lesen. Dann werden die Schüler wieder aufgefordert, einen weiteren Zettel auszuwählen. Diese Zettel werden in zufälliger Reihenfolge eingesammelt und diesmal nicht zerrissen. So wird auch mit den nächsten Zetteln verfahren, bis die letzten beiden Zettel übrig sind. Die letzten beiden Zettel sollen verdeckt auf je ein Knie gelegt werden. Die Schüler müssen jetzt die Hände hinter dem Rücken verschränken. Der Spielleiter nimmt von jedem Schüler einen der beiden letzten Zettel (ANDREAS NIEMEIER, mündliche Mitteilung 2003). Die Schüler solle sich Gedanken zu folgenden Fragen machen:

- Was für ein Gefühl war das, als ich den ersten Zettel abgegeben habe?
- Was für ein Gefühl war das, als die Zettel zerrissen wurden?
- Was für ein Gefühl war das, als ich den zweiten Zettel abgab?
- Was für ein Gefühl war das, als ich den dritten Zettel abgab?
- Was für ein Gefühl war das, als mir der vorletzte Zettel genommen wurde?
- Welche Bedeutung hat das, was auf den Zetteln geschrieben steht, in meinem Leben?
- Lebe ich die Bedeutung bzw. Wichtigkeit dieser Inhalte?
- Weiß zum Beispiel die wichtigste Person in meinem Leben darum?
- Sind die Inhalte dieser Zettel eine Richtschnur in meinem Leben oder der Sinn meines Lebens?
- Geben sie mir Schutz oder Sicherheit?

Die Schüler bekommen Zeit, um sich im Raum zu bewegen und über die Fragen nachzudenken. Es herrscht Stille. Reden ist nicht erlaubt. Wer mit den Überlegungen fertig ist, kommt in den Sitzkreis zurück. Die Fragen werden laut ausgewertet, ohne den Inhalt der Zettel aufzudecken.

Sprung ins Leben

Körperübung. Bis auf den freiwilligen Springer stellen sich alle Schüler in zwei Reihen gegenüber auf und halten ihre flachen Hände auf einer Ebene hoch. Der Springer läßt sich nun in die Arme der Schüler fallen. Die Gruppe fängt den Springer auf.

Testkreis

Der Tester (Spielleiter) geht um die Gruppe im Stuhlkreis und stellt schnell (un-)sinnige Fragen. Er soll damit psychischen Druck verursachen. In der Auswertung sollen die Schüler den strukturellen Konflikt identifizieren.

Thesendiskussion

Provokante Thesen werden in den Raum gestellt. Die Schüler müssen sich auf der Ja- oder Nein-Seite im Raum positionieren.

Traumreise

Entspannungsübung mit Hintergrundmusik. Die Teilnehmer legen sich mit Decken auf den Boden, schließen die Augen und versetzen sich in die vom Spielleiter vorgegebenen Situationen.

Unsichtbares Theater

Form aus dem Theater der Unterdrückten (BOAL 1989, S. 34ff). Damit ist das Spielen von Szenen in der Öffentlichkeit gemeint. Doch nur die Spielenden wissen von der gestellten Situation. Passanten werden somit ohne ihr Wissen in die Spielszene hineingezogen. Anschließend werden die Reaktionen der Unbeteiligten und die Emotionen der Spielenden besprochen.

Weihnachten

Rückmeldung. Jeder Teilnehmer bekommt von jedem anderen Teilnehmer einen Brief. Aspekte der Rückmeldung sollen ausschließlich positive Eindrücke zu dieser Person sein.

4.6.2 Übersicht: Zuordnung emotionaler Fähigkeiten und Übungen

Einige Übungen sind mehreren emotionalen Fähigkeiten entsprechend der Gliederung in Kapitel 3.1.2 zugeordnet. Dies ermöglicht den Schülern die Schulung und das Erleben unterschiedlicher Fähigkeiten in einer Situation. Dies trägt der Komplexität sozialer Situationen Rechnung.

Emotionale Fähigkeiten	Übungen
1. Die eigenen Emotionen kennen	
Ausdruck und Reflexion von Gefühlen	• Heißer Punkt • Testkreis • Arbeitsblatt „Welches Gefühl könnte dahinter stecken?" 14 A (aus: JEFFEREYS & NOACK 1995, S. 51) • Gefühlscharade • Blitzlicht
Kenntnis von Stärken und Schwächen	• Bermuda-Dreieck • Heißer Punkt • Weihnachten • Heikle Fragen
Nachdenken über sich selbst	• Sinn des Lebens
2. Emotionen handhaben	
Kontrolle von Gefühlen	• Bermuda-Dreieck • Sprung ins Leben • Fair handeln • Traumreise • Gummibärchenkette
3. Gefühle in die Tat umsetzen	
Eigene Position einnehmen können	• Thesendiskussion
Impulskontrolle	• Bermuda-Dreieck • Castor-Transport • Gummibärchenkette • Fair handeln

Emotionale Fähigkeiten	Übungen
4. Empathie	
Einfühlungsvermögen	• Bermuda-Dreieck • Parkbank • Rettungsboot • Obstkorb • Fair handeln • Sprung ins Leben • Gefühlscharade
Konfliktparteien erkennen	• Fair handeln • Castor-Transport • Rettungsboot
Konflikte wahrnehmen	• Simulation von Konfliktsituationen • Fair handeln
5. Umgang mit Beziehungen.	
Toleranz	• Rettungsboot • Bermuda-Dreieck
Strukturen von und um Konflikte erkennen	• Castor-Transport
Balance zwischen Kompromissfähigkeit und Durchsetzungsvermögen	• Fair handeln
Verknüpfung von emotionalen und kognitiven Fähigkeiten	• Unsichtbares Theater
Langfristige Konsequenzen des Verhaltens berücksichtigen und das eigene Handeln danach ausrichten	• Fair handeln

4.7 Biologische Unterrichtsinhalte zur Emotionalen Intelligenz

In diesem Kapitel sollen die biologischen Inhalte dargestellt werden, die im Unterricht vermittelt werden sollen. Sie sollen es den Schüler ermöglichen, die eigenen Möglichkeiten und Grenzen emotionaler Fähigkeiten kennen und verstehen zu lernen.

In den letzten Jahrzehnten wurde in der Biologie immer deutlicher, dass die Erkenntnisse aus den einzelnen biologischen Fachbereichen nicht isoliert nebeneinander stehen, sondern gerade die interdisziplinäre Verknüpfung zu einem erhellenden Verständnis zu der Rolle der Emotionen in unserem sozialen Leben beigetragen hat.

Es sollen hier jedoch nur jene Inhalte dargestellt und didaktisch aufbereitet werden, die zum Verständnis der Konfliktfähigkeit hilfreich sind.

4.7.1 Neurobiologie – das Gehirn und seine unentdeckten Möglichkeiten

Um die Inhalte mit Emotionen und Motivation verknüpfen zu können, ist es sinnvoll geeignete Situationen als Ausgangspunkt bzw. Problemstellung zu nutzen.

Emotionen sind die ersten Reaktionen, bewußte gedankliche Auseinandersetzung folgt später. Die gedankliche Ebene soll erst nach der emotionalen Auseinandersetzung besprochen werden. Die Emotionen sollten später aufgegriffen werden, um damit auf der fachlichen Ebene zu arbeiten.

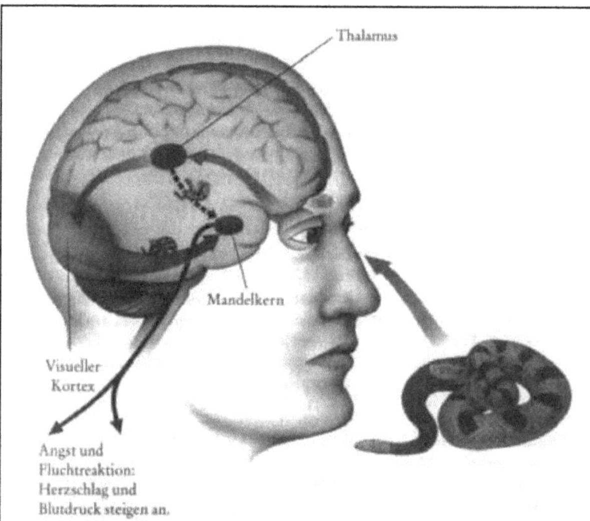

*Abbildung 1: Ein optisches Signal gelangt von der Netzhaut zuerst zum Zwischenhirn (Thalamus). Dort wird es in die Sprache des Gehirns übersetzt. Der überwiegende Teil der Nachricht wird zum visuellen Kortex weitergeleitet, wo er analysiert und auf Bedeutung und Reaktionsangemessenheit hin begutachtet wird. Handelt es sich um eine emotionale Reaktion, dann läuft ein Signal zum Mandelkern und die emotionalen Zentren werden aktiviert. Der kleinere Teil des ursprünglichen Signals wird jedoch vom Thalamus **direkt** zum Mandelkern gesendet. Diese Übermittlung geht schneller und gestattet eine raschere, wenn auch ungenauere Reaktion. So kann der Mandelkern eine Reaktion bewirken, noch bevor die kortikalen Zentren überhaupt verstanden haben, was gerade passiert (nach GOLEMAN 1996, S.37).*

Das Gehirn besteht aus verschiedenen Regionen mit verschiedenen Funktionen.

Für den Umgang mit dem Gefühl Wut ist das Zusammenwirken der Bereiche Zwischenhirn (Thalamus), Neokortex und Mandelkern (Amygdala, griech. *Mandel*) bedeutend. Der Mandelkern dient hierbei als eine Art emotionaler Wächter (GOLEMAN 1996, S. 35 ff). Der Neokortex, das denkende Gehirn, überprüft Emotionen genauer. Die Abkürzung der eingehenden Informationen vom Thalamus zum Mandelkern umgeht den Neokortex. Diese Abkürzung funktioniert in Gefahrensituationen, um ein schnelles Reagieren zu ermöglichen. Dieser Weg ist zwar schneller, jedoch auch ungenauer. Gerade die Wut als Gefühl kann den gleichen Weg gehen. Gehen die Signale über diese Abkürzung, kann man jedoch nicht genau unterscheiden, ob eine Reaktion wirklich der Situation

angemessen. Es hilft also schon, wenn man sich eine kurze Auszeit nimmt, die erste Aufregung sich legen kann und damit den Gedanken und Gefühlen die Chance gibt, über den Neokortex abgewickelt und differenzierter betrachtet zu werden.

Dieser Stolperdraht zwischen Zwischenhirn und Mandelkern erklärt, warum wir in impulsiven Momenten oft so unvernünftig handeln (GOLEMAN 1996, S. 33 f).

Der menschliche Mandelkern ist – im Vergleich mit unseren nächsten evolutionären Verwandten, Schimpansen, Bonobos und Gorillas – unverhältnismäßig groß (GOLEMAN 1996, S. 33). Dies unterstreicht die Bedeutung der Emotionen für unser soziales Miteinander.

Einfühlung kann nur stattfinden, wenn der Körper in Übereinstimmung ist. Eine starke Reaktion im emotionalen Gehirn wie Wut verhindert oder stört Empathie (GOLEMAN 1996, S. 137).

4.7.2 Verhaltensbiologie – friedvoller Umgang mit anderen ist lernbar

Was können Schüler aus der Verhaltensbiologie für ihre emotionale Intelligenz lernen? Im wesentlichen geht es darum, zu zeigen, dass zum biologischen Erbe des Menschen nicht nur die aggressive Entfachung von Konflikten, sondern auch Konfliktvermeidung und das Lösen von Konflikten gehört. Am Beispiel unserer nächsten evolutionären Verwandten, den Schimpansen, soll erarbeitet werden, dass sich zu versöhnen und dafür über den emotionalen „Schatten" springen zu können zu unseren sozialen Fähigkeiten gehört. Die neueren Erkenntnisse aus der ethologischen Friedens- und Konfliktforschung sollen zudem das Bild von einer „statischen" Biologie revidieren helfen.

Da es im Rahmen dieser Arbeit nicht möglich ist, diesen Themenbereich für den Unterricht umzusetzen, werden die wichtigen Inhalte und Zusammenhänge nachfolgend zusammengefasst.

Nachdem KONRAD LORENZ 1963 zu ersten Mal sein weit bekanntes Werk *„Das sogenannte Böse. Zur Naturgeschichte der Aggression"* publizierte, entfachte seine These, dass die Menschen über eine Art Killerinstinkt verfügen und dass jedoch der Kontrollmechanismus für diesen Instinkt leider verlorengegangen ist (LORENZ 1984), eine umfangreiche Kontroverse. In den 1970er und 1980er ergänzten Feldstudien an Menschenaffen dieses Wissen: auch unsere nächsten Verwandten, Schimpansen und Gorillas töten ihre Artgenossen (FOSSEY 1989, GOODALL 1991, NISHIDA et al. 1985, SUZUKI 1971).

Keine Frage, Aggressivität gehört zur Natur des Menschen. Aggressivität und Gewalt jedoch müssen nicht notwendigerweise das gleiche sein. „Gewalt ist nur der extremste Ausdruck von Aggression und nicht der Normalfall" (DE WAAL 1991, S. 11). Wenn sich Tiere im Interessenkonflikt befinden, können sie außerordentlich gewalttätig sein. (DE WAAL 1991, S. 7). Konzentriert sich der Blick auf die Gefahr einer gewalttätigen Auseinandersetzung, so sieht man jedoch nur den Anfang eines Konfliktes. Untersuchungen, die sich auf dem Prinzip der friedlichen Koexistenz stützen, beachten nicht nur den Anfang, sondern auch, wie Konflikte enden. Manchmal kann man aber einen Kampf nicht gewinnen ohne einen Freund zu verlieren. Dieses Dilemma kann man nur lösen, indem man entweder den Wettbewerb reduziert oder nach dem Konflikt den entstandenen Schaden – physisch oder psychisch – repariert. Die erste Möglichkeit ist gemeinhin *„als Toleranz bekannt, die zweite als Versöhnung"* (DE WAAL 1991, S. 10). Dass dieses Moment in der Verhaltensbiologie bisher übersehen, erklärt FRANS DE WAAL an einem Vorfall in der Schimpansen-Kolonie des Arnheimer Zoos (Niederlande): *„Im Verlauf einer imposanten Verfolgungsjagd attackierte das dominante Männchen ein Weibchen; ein kreischendes Chaos brach aus, als andere Schimpansen zu seiner Verteidigung hinzukamen. Als sich die Gruppe endlich beruhigt hatte, trat eine ungewöhnliche Stille ein; niemand bewegte sich, es war, als ob die Affen auf etwas warteten. Plötzlich brach die Gruppe in Gejohle aus, während ein Männchen die großen metallischen Zylinder in der Ecke der Halle bearbeitete. Mitten in diesem Inferno sah ich zwei Schimpansen sich küssen und umarmen. ... Die sich umarmenden Individuen waren dieselben Männchen und Weibchen wie beim anfänglichen Kampf. Als mir das Wort „Versöhnung" in den Kopf schoß, fiel mir auf, dass gefühlvolle Versöhnungen zwischen Aggressoren und Opfern durchaus üblich waren."* (DE WAAL 1991, S. 13).

Abbildung 2: Aussöhnung zwischen zwei erwachsenen Schimpansenmännern. Zehn Minuten nach Beendigung eines heftigen Konfliktes streckt das Männchen Nikkie (rechts) dem „Gegner" Luit (links) seine Hand hin. Unmittelbar nach diesem Foto umarmten beide einander und stiegen gemeinsam hinab, um sich zu küssen und zu lausen (aus: DE WAAL 1982, ergänzt durch mündl.

Jedes Tier, das in sozialen Verbänden lebt, muss Methoden entwickeln, Interessenkonflikte zu lösen und Frieden zu stiften. Nicht jede Kollision von Interessen mündet jedoch in einen ernsten Konflikt. Viele soziale Tiere haben eine große Bandbreite von Möglichkeiten und Strategien entwickelt, Konflikte zu vermeiden. Bei Schimpansen konnten eine Vielzahl von Verhaltensweisen beobachtet werden, Konflikte im vornherein zu unterbinden und so ein harmonisches Gruppenleben zu ermöglichen. Schimpansen leben gewöhnlich in Gruppen mit mehreren Männchen und Weibchen (SOMMER 1989). An der Spitze solchen einer Schimpansengruppe steht zwar häufig ein dominantes Männchen, das seine Position jedoch nur behaupten kann, wenn es Unterstützung von niederrangigen Männchen bekommt. Diese Koalitionen sind sehr instabil (DE WAAL 1991, S. 54). Versöhnung hat deshalb bei Schimpansenmännchen einen strategischen Nutzen: der Feind von heute könnte mein Freund von morgen sein. Die häufigste Art nach einem Streit sich zu versöhnen ist die Aufnahme von Körperkontakt, etwa durch Reichen der Hand, Küssen oder Groomen (Fellpflege). Menschen versöhnen sich noch über eine Vielzahl anderer Verhaltensweisen: ein Witz kann die Spannung lösen, man berührt sich freundschaftlich, kann sich entschuldigen, sich lieben, dem anderen ein Geschenk machen und vieles mehr. Genauso wie beim Menschen spielt bei den Schimpansen der erste Augenkontakt eine entscheidende Rolle (DE WAAL 1991, S. 49). Das Bedürfnis nach Kontakt bezieht den früheren Gegner bewußt ein, weil er der einzige ist, mit dem der Schaden behoben werden kann. *„Tiere suchen nicht nur psychische, sondern auch soziale Stabilität"* (DE WAAL 1991, S. 44). Versöhnung hat also neben der Wiedergutmachung einen zweiten Aspekt: sie versucht in der Vergangenheit passierte „schädliche" Auseinandersetzungen mit Blick auf das Zusammenleben in der Zukunft *„ungeschehen zu machen"* (DE WAAL 1991, S 45). Wie bei uns ist Frieden stiften bei den Schimpansen ein bewußter Akt, der Reflexion und vorausschauendes Denken voraussetzt. Oft warten sie erst einen geeigneten Augenblick ab und schieben ihre Reaktion auf ein bestimmtes Ereignis ab. Das bedeutet, sie halten gewissermaßen inne und geben sich selbst die Möglichkeit, die Folgen ihres Verhaltens innerlich abzuwägen. Ich finde diesen Aspekt wichtig, da er im menschlichen Umgang mit Konflikten eine wichtige Rolle zur Klärung einnimmt.

Diese Fähigkeit, die sozialen Folgen des eigenen Verhaltens zu berücksichtigen und das eigene Handeln danach auszurichten, ist bei Schimpansen zwar zum einen genetisch angelegt, muss aber von aufwachsenden Schimpansen genauso gelernt werden. Entscheidend ist in diesem Zusammenhang, wer nach einem Konflikt den ersten Schritt macht. DE WAAL redet hier von *„konditionierter Rückversicherung"*. Man könnte auch sagen: „keine Unterwerfung, kein Frieden"; das bedeutet, der Dominante rückversichert dem Untergebenen durch freundliche Gesten die Beendigung des Konfliktes nur, wenn dieser den ungleichen Status anerkennt (DE WAAL 1991, S. 50). Diese Signale sind nötig, um zu sichern, dass trotz des Konfliktes das soziale Gefüge per se nicht in Frage gestellt wird.

Derartige Beobachtungen von Versöhnungsverhalten bei Schimpansen könnten im Unterricht durch Filme oder während eines Zoobesuches vermittelt werden. Der Zoobesuch bedarf jedoch einer intensiven Vorbereitung und sollte am besten vom Zoopädagogen vor Ort begleitet werden. Dieser kennt die individuellen Biographien der Schimpansen im Zoo und deren Gruppengefüge am besten. Nur vor diesem Hintergrund kann man die laufenden Beobachtungen interpretieren. Für einen solchen Zoobesuch sollte sich mehrere Stunden Zeit genommen werden, da die entsprechenden Vorgänge in der Schimpansengruppe nicht planbar sind.

4.7.3 Spielräume in der Biologie des Menschen aufzeigen

In der unterrichtlichen Vermittlung der biologischen Hintergründe, die zum Verständnis der emotionalen Intelligenz beitragen, ist es wichtig, die individuellen Spielräume aufzuzeigen, die uns während unserer Evolution eröffnet wurden. Dies ist ein zentraler Aspekt der emotionalen Intelligenz, damit Schüler die Kenntnisse z. B. über die „neuronale Stolperfalle Mandelkern" nicht zur Rechtfertigung interpretieren, sich in Konflikten nicht kontrollieren zu können. Das Gegenteil ist der Fall. Emotionale Intelligenz ist erlernbar und emotionale Kontrolle kann man trainieren.

Die Art Mensch lebt derzeit mit etwa sechs Milliarden Individuen auf dem Planeten Erde, besiedelt nahezu alle Lebensräume vom tropischen Regenwald bis ins Hochgebirge, von trockenen Wüsten bis in polare Kältezonen, sogar in den Weltraum ist der Mensch schon vorgedrungen. Kein anderer Primat kommt so häufig vor und besiedelt ein derart breites Spektrum an ökologischen Habitaten. Diesen „Erfolg" verdankt der Mensch seiner ungeheuren Flexibilität und Anpassungsfähigkeit. Gerade auch in Bezug auf den Umgang mit Emotionen und sozialen Verhältnissen. Ein Geheimnis liegt hier in der Kooperation.

Ein eindrucksvolles Beispiel wie wandlungsfähig unser Gehirn sein kann und ist, dokumentiert der Fall von Philipp Dörr. Philipp litt schon in sehr jungen Jahren an schwerer Epilepsie. Seine epileptischen Anfälle hatten das Gehirn so schwer beschädigt, das ein tödlicher Verlauf nahe lag. Deshalb wurde ihm als er 11 Jahre alt war, die rechte Gehirnhälfte entfernt. Trotz des Verlustes jener Gehirnhälfte, die die linke Körperseite steuert, kompensierte der verbliebene Teil diese Funktion. Zwölf Jahre später besteht Philipp das Abitur, spielt Schach, studiert diverse Schriftsteller und besteht die Prüfung als Rettungstaucher. Anscheinend gelang es dem verbliebenen Großhirn sämtliche neuronalen Verknüpfungen so neu zu ordnen, dass wieder eine vollständige und ungeteilte Persönlichkeit entstanden ist. Sicherlich ein extremer Fall, der dennoch die große Veränderungsfähigkeit des zentralen Nervensystems dokumentiert (Spiegel Spezial 4/2003, S. 30). Wie groß muss dann erst Plastizität unverletzter Hirne in den Köpfen unserer Schüler (und Lehrer) sein?

4.8 Unterrichtsentwurf zum Thema „Biologische Erklärung für Konfliktverhalten"

Lernziele

Lernziele, die den Umgang mit Emotionen betreffen

Die Schüler sollen erfahren und erkennen, was die Steuerung und Reflektion von Emotionen in Konflikten bewirken kann.

Die Schüler sollen prozesshaft lernen, sozial angemessene Konfliktlösungen zu entwickeln.

Biologisch-fachliche Lernziele

Die Schüler sollen lernen, wie Emotionen im Gehirn gesteuert werden können.

Verknüpfung von biologisch-fachlichen und emotionalen Lernzielen

Die Schüler sollen lernen, dass man sich für Emotionen willentlich entscheiden kann.

Die Schüler sollen lernen, dass man emotionale Kontrolle trainieren kann.

Einstiegsstunde (Doppelstunde)

Als Einstieg in das Thema wurde das Gruppen-Experiment „Fair handeln" ausgewählt. In diesem Experiment wird eine Situation provoziert, in der die Schülergruppen sich einem konstruierten Konflikt stellen müssen. Dieser Konflikt wird erst im weiteren Verlauf des Experimentes mit seinen unterschiedlichen Ebenen wahrnehmbar.

Unterrichtssetting

Der Unterrichtsraum ist aufgeteilt in Bühne (Verhandlungsort), drei Stuhlkreisen (Kleingruppen) und Moderationstafel. Die Schüler sammeln sich zu Beginn der Stunde vor dem verschlossenen Klassenraum und werden auf die Unterrichtssituation vorbereitet. Um die geänderte Rolle als Moderator hervorzuheben und zu signalisieren, dass der Unterricht diesmal in einer besonderen Form stattfindet, sollte der Lehrer sich geschäftlich kleiden.

Einführung in den Unterricht

Anweisungen des Lehrers: „Wir werden heute ein Experiment durchführen, das aus zwei Phasen, der Experimentier- und der Auswertungsphase, besteht. Wenn gleich die Tür aufgeht, betretet bitte den Raum und verteilt euch auf drei Stuhlkreise. Die Stühle bitte stehenlassen! Weitere Anweisungen werden folgen. Bitte verhaltet euch ruhig."

Die Schüler betreten den Raum, setzen sich und entscheiden sich damit für eine Kleingruppe.

Einweisung in das Experiment „Fair handeln"

Jede Kleingruppe gibt sich einen Namen, der groß und deutlich auf ein Plakat beim jeweiligen Stuhlkreis geschrieben wird.

Material: Gruppe A erhält **45 Blanko-Zettel**, Gruppe B bekommt **zwei an der Spitze abgebrochene Bleistifte**, Gruppe C **einen Anspitzer**. Jede Gruppe bekommt ein Plakat für ihren Gruppennamen. An der Moderationsseite ist eine Tafel zur Dokumentation der Regeln und der Ergebnisse aufgestellt.

Das **Ziel** des Experimentes wird bekanntgegeben: Ziel ist es so viel Zettel wie möglich mit dem eigenen Gruppennamen zu beschreiben. Es gewinnt die Gruppe mit den meisten beschriebenen Zetteln.

Spielregeln

- Fremdmaterial darf nicht genutzt werden.
- Die Gruppen können einen Vertreter zum Verhandeln mit den anderen Gruppen an den Verhandlungsort senden.
- Nach 30 Minuten werden die Zettel gezählt und das Ergebnis an der Moderationstafel bekanntgegeben.
- Während der Verhandlung dürfen die übrigen Gruppenmitglieder nicht in die Verhandlung eingreifen. Erst wenn die Vertreter zu ihrer jeweiligen Gruppe zurückkehren, dürfen sie sich wieder besprechen.
- Vertreter dürfen ausgetauscht werden.
- Nach besagten 30 Minuten wird die Gewinnergruppe durch Auszählen vom Spielleiter ermittelt.

Dann erfolgt **ohne vorherige Ankündigung** eine zweite Spielrunde unter den gleichen Regeln.

Am Ende des gesamten Experiments werden die Punkte beider Runden zusammengezählt und bekanntgegeben.

Jeder Schüler sollte die Möglichkeit haben, selbst emotional zu erfahren, wie man sich in Konflikten verhält. Auf eine **Beobachtergruppe** soll deshalb verzichtet werden, weil dann das emotionale Erlebnis für die Beobachter verringert wird. Zudem bestände das Risiko, dass die Beobachter sich zu sehr zurückziehen. Es geht jedoch gerade in dieser Unterrichtsphase um das emotionalen Erleben.

Auswertung des Experimentes

Dieses Planspiel bietet eine Fülle von Auswertungsmöglichkeiten. Für den weiteren Verlauf sollen nur einige Aspekte ausgewählt werden:

- Wie fühlt ihr euch jetzt? (Hartnäckig bei der Frage bleiben!) *Schwierigkeiten, Gefühle genau zu benennen. Wenn Gefühle formuliert werden, dann meist Wut, Ärger, Erniedrigung beim Verlieren.*
- Wie habt ihr euch während des Experimentes gefühlt? *Machtvoll, ohnmächtig, wütend*
- Was ist euch in der ersten Runde aufgefallen? *Es wurde geschummelt. Auf das Schummeln wird mit Wut und Aggression reagiert. Es entstehen Racheakte, z. B. aus den Verhandlungen ausschließen oder versuchen, die anderen im Mogeln zu übertreffen. Starke Auseinandersetzungen. Regeln werden gebrochen.*

- Gab es einen Konflikt? Wenn ja, worin bestand der Konflikt? *Der Kampf um die Ressourcen (Zettel, Bleistifte und Anspitzer) bricht aus. Die Gruppen verhalten sich zunehmend unfair.*
- Wie haben sich die Konfliktparteien verhalten? *Die einzelne Gruppe ist zusammengewachsen, das Wir-Gefühl in diesen Gruppen steigt. Die Konfrontationen zwischen Gruppen steigern sich.*
- Welche Situationen haben euch überrascht? *Die Mogel-Situation, vor allem wenn Schüler betrügen, denen man das ansonsten nicht zutraut.*
- Was hat euch aufgeregt? *Verlierer zu sein und dadurch erniedrigt zu werden.*
- Was ist euch in der zweiten Runde aufgefallen? *Racheakte haben sich gesteigert. Betrüger aus der ersten Runde verloren. Misstrauen ist gewachsen. Es wurde beleidigt und beschimpft bis hin zum Mobbing. Die Gewaltbereitschaft steigt bis hin zu körperlichen Übergriffen.*
- Gab es einen Konflikt? Wenn ja, worin bestand der Konflikt? *Der Konflikt hat sich deutlich zugespitzt. Die Abgrenzungen zwischen den Gruppen verschärfen sich.*
- Wie haben sich die Konfliktparteien verhalten? *Die betrügenden Gewinner aus der ersten Runde geben auf und stellen ihre Ressourcen weit unter Preis zur Verfügung. In seltenen Fällen kann es vorkommen, dass die Verhandlungsstrategien geändert werden und es zu einem fairen Ausgleich der Interessen kommt.*
- Welche Situationen haben euch überrascht? *Betrügereien, Wechsel von Verhandlungsführern, dass es eine 2. Runde gibt. Eskalation des Konfliktes. Gefühle werden als echt wahrgenommen. Aus dem „Spiel" wird ernst.*
- Was hat euch aufgeregt? *Dass die Betrüger nicht aus ihren Fehlern gelernt haben. Dass die Betrüger nicht ihre Fehler zugeben. Dass die Betrüger sich nicht entschuldigen. Gegenseitige Beschuldigung. Der Lehrer wird als Schiedsrichter eingefordert.*
- Hat sich in der zweiten Runde gegenüber der ersten Runde etwas verändert? *Die Heftigkeit der Emotionen ist gestiegen. Verhandlungsstrategien werden geändert und Vertreter ausgetauscht. Häufig wird aus der Jungendominanz in der ersten Runde eine Verhandlungsführung in Mädchenhand.*
- Habt ihr in der zweiten Runde bereut, dass ihr etwas in der ersten Runde getan habt? *Betrügereien. Zu früh vorgeprescht. Zu wenig Zeit zur Vorbereitung der Verhandlung genommen.*
- Wie kann man diesen Konflikt lösen? *Ratlosigkeit: dieser Konflikt ist nicht lösbar. Verhandlungsregeln vereinbaren. Faire Verhandlungsbedingungen herstellen. Ressourcen gleich verteilen. Emotionen steuern, um den Konflikt in Ruhe zu lösen.*

Da erwartet werden kann, dass die Konflikte emotional authentisch erlebt werden, ist es für den weiteren Zusammenhalt in der Klasse wichtig, die Versöhnung (z. B. durch Entschuldigung) als Konfliktlösung ernsthaft durchzuführen. Es kann dadurch aufgefangen werden, indem sich die Gruppe bewußt macht, dass es sich nur um ein Spiel gehandelt hat.

3. Stunde: Auswertung der Emotionen des Experimentes „Fair handeln"

In dieser Stunde sollen die erlebten Emotionen aus der Distanz systematisiert werden, um sie als Unterrichtsgegenstand im Fazit der Reihe behandeln zu können.

Unterrichtssetting, Beginn, Atmosphäre, Inhalte zusammenfassen, Übersicht der Stunde

Bevor die Schüler die Gefühle, die sie während des Experimentes erlebt haben, im Galeriegang benennen, sollten sie sich ein entsprechendes Vokabular erarbeiten. Welche Gefühle gibt es? Hierzu kann der „Baum der Gefühle" (s. Abbildung 3) als Orientierung und Strukturierung helfen.

Fragen im Galeriegang

- Welche Emotionen traten zu Beginn des Spiels auf? *Irritation, Anspannung, Ehrgeiz*
- Welche Emotionen herrschten in der ersten

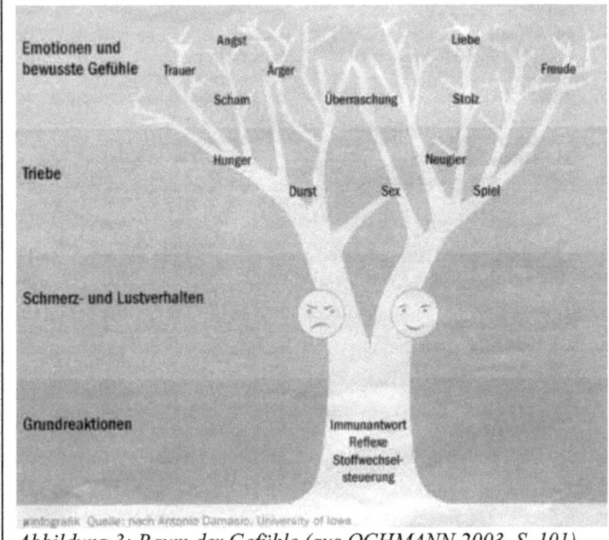

Abbildung 3: Baum der Gefühle (aus OCHMANN 2003, S. 101)

Runde vor? *Überlegenheit, Unterlegenheit, Schadenfreude*
- Welche Emotionen herrschten in der zweiten Runde vor? *Enttäuschung, Wut, Ohnmacht, Rache, vorgetäuschte Gleichgültigkeit, Langeweile, Angst vor Angriffen, Verletztheit*
- Inwieweit haben die Emotionen das Geschehen beeinflußt? *Emotionen haben die Verhandlung behindert oder erschwert.*
- Welche Emotionen standen einer Konfliktlösung im Wege? *Wut, Rache, Gleichgültigkeit, Schadenfreude, Überlegenheit, Machtgefühl, Verletztheit*
- Welche Emotionen haben die Verhandlung aufrecht erhalten? *Ehrgeiz, Machtgefühl*
- Was für ein Gefühl treibt mich an, den Konflikt zu lösen? *Sehnsucht nach Harmonie, Verzweiflung, Neugier, Zusammengehörigkeitsgefühl, Stolz*
- In welcher Situation waren die Emotionen am heftigsten? *Als die Betrügereien aufgedeckt wurden. Als die Verletzungen am stärksten waren.*

4. & 5. Stunde: Reflexion der erlebten Gefühle durch hirnbiologische Zusammenhänge

In der folgenden Unterrichtsstunde soll der Zusammenhang von der „Stolperfalle Mandelkern" und dem emotionalen Verhalten in der Konfliktsituation aufgezeigt werden. Die Funktion der emotionalen Blockade soll anhand der Übung Gummibärchenkette erarbeitet werden. Anschließend wird im Fazit dieser Zusammenhang auf das Konfliktverhalten übertragen.

Übung Gummibärchenkette

Material: Tischchen, Gummibärchen, Kartenspiel ohne Joker

Setting: zwei Gruppen sitzen hintereinander in zwei parallelen Stuhlreihen. Zwischen den beiden vordersten Stühlen steht ein Tischchen mit einem Gummibärchen.

Durchführung: Die beiden vordersten Schüler haben ihre äußeren Arme frei. Mit dem inneren Arm wird der äußere Arm des jeweiligen Hinterschülers gegriffen, so dass eine Kette bis zum letzten Schüler entsteht. Außer dem letzten schauen alle Schüler nach außen. Es herrscht Stille und es darf nicht gesprochen oder geräuspert werden. Nur für Reihenletzten werden die Karten aufgedeckt. Immer wenn eine rote Karte aufgedeckt wird, muss der Reihenletzte durch Handdrücken des vorderen Gruppenmitgliedes dies weitergeben und dieser wieder an den nächste. Wenn der Reihenerste dann gedrückt wird, darf er ganz schnell mit dem äußeren Arm nach dem Gummibärchen greifen. Wer das Gummibärchen hat, darf es essen und rückt ganz nach hinten. Alle anderen in dieser Gruppe rücken einen Platz vor. Gewonnen hat die Gruppe, bei der jener ursprünglich erster wieder ganz vorne angekommen ist.

Wer fälschlicherweise nach dem Gummibärchen greift, muss es an die andere Gruppe abgeben. Diese Gruppe darf dann einen Platz weiter rücken.

Intention: Da jeder angehalten ist, möglichst schnell zu reagieren, wird es häufig oder ständig zu „Fehlzündungen" kommen.

Auswertung der Gummibärchenkette: Warum haben wir den Handdruck in dieser Situation manchmal zur falschen Zeit ausgelöst? Was steht uns da im Wege? Die Biologie des Gehirns erklärt dies.

Stolperfalle Mandelkern (s. Kapitel 4.7.1)

1. Ein Informationstext zur Funktion einzelner Hirnregionen (Zwischenhirn, Neokortex, Mandelkern, evtl. weitere nicht beteiligte Regionen) und deren Zusammenwirken wird den Schülern gegeben.

2. Die Schüler sollen ihre Handlungen den einzelnen Hirnregionen zuordnen.

Die Folgestunde soll methodisch übersichtlich gestaltet werden, damit die Schüler noch den Zusammenhang erkennen können. Die Energie und Aufmerksamkeit soll bei den Schülern bleiben, der Spannungsbogen erhalten werden kann.

Auswertung der 4. & 5. Stunde

Warum habt ihr euch in der Gummibärchen-Übung so impulsiv verhalten? Wie ist es zu den Fehlzündungen gekommen? *Weil wir (die Schüler) gedacht haben schnell reagieren zu müssen. Dadurch wurde die sogenannte Abkürzung zwischen Zwischenhirn und Mandelkern zur Stolperfalle. Wir konnten dadurch nicht mehr genau entscheiden, ob die Reaktion in diesem Augenblick angemessen ist. Wir konnten nicht mehr genau unterscheiden, ob ein Händedruck als solcher gemeint war.*

Fazit der gesamten Unterrichtsreihe

Wie hätte ich mich anders verhalten sollen, wenn ich die Kenntnisse um die Funktion der Hirnregionen berücksichtigt und meine Emotionen kontrolliert hätte? (Erarbeitung von Handlungsalternativen).

Kann man mit den Wissen um die „Stolperfalle Mandelkern" die Konflikte im Experiment „Fair handeln deuten (s. 4.7.1)? Welche Erklärungen kann uns die Biologie geben? Wie können wir unsere Gefühle steuern? Kann man das trainieren?

Hier verknüpft sich das emotionale Erleben mit dem biologischen Sachwissen und ermöglicht neue Handlungsperspektiven. Durch das Eigenexperiment soll das neurologische Zusammenspiel erlebbar werden.

Anmerkung

Der inhaltliche Schwerpunkt des Unterrichtsentwurfes liegt auf der Seite des emotionalen Erlebens. Die biologischen Erkenntnisse werden dem Ziel, den Sinn emotionaler Kontrolle zu verstehen und einzusehen, untergeordnet. Damit werden affektive und kognitive Elemente verknüpft. Wenn die inhaltliche Vermittlung auf die „Stolperfalle Mandelkern" beschränkt werden soll, reicht die 3. Stunde (Gummibärchenkette und Reflexion anhand des Informationstextes) aus. Da jedoch die Bedeutung der emotionalen Kontrolle in Konflikten im Mittelpunkt der Unterrichtseinheit stand, war das Experiment „Fair handeln" nötig, um die Schüler emotional mit einem Konflikt zu konfrontieren. Damit werden die Schüler motiviert, sich mit „intelligenten" Konfliktlösungen auseinanderzusetzen. In der Auswertung lernen sie, wie sich mit sich selbst umgehen können und wie sie sich anders gegenüber anderen verhalten können.

5 Fazit

Wie aus den Richtlinien für die Gesamtschule (s. 1.1) hervorgeht, wird der gesellschaftliche Anspruch nach Demokratisierung an die schulische Bildung herangetragen. Um sich in einer demokratischen Gesellschaft als mündiger Bürger einbringen zu können, bedarf es entsprechender Wissensgrundlagen. Man hat jedoch längst erkannt, dass Wissen alleine zu wenig ist, um sich in komplexen sozialen Systemen bewegen und angemessen verhalten zu können. Beispielsweise sind zahlreiche emotionale und soziale Fähigkeiten notwendig, um angemessen Konflikte lösen zu können.

Die Schule hat den Auftrag, dieses Grundverständnis umzusetzen, indem sie unter anderem verschiedene Sozialformen im Unterricht installiert. Durch die Gewichtung auf verschiedene kooperative Sozialformen im Unterricht verschiebt sich der Fokus hin zur Wahrnehmung sozialer und emotionaler Defizite der Schüler. Um diese Defizite zu beheben, bedarf es einer erzieherischen Erweiterung bisheriger Unterrichtsformen. Hier bietet sich das Konzept der Emotionalen Intelligenz an.

Dieses Konzept fordert die Anerkennung von Emotionen und Gefühlen für jegliche Wissensvermittlung. Nach den Erkenntnissen aus der Hirnforschung gibt es keine Trennung von Wissen und Emotion. Dies widerspricht deshalb jeglichen Forderungen nach einer rein kognitiven Wissensvermittlung.

Erkenntnisse aus den Neurowissenschaften belegen, dass basale Lebensregulationen, Emotionen, Gefühlen und höhere Denkprozesse zusammenhängen und hierarchisch aufeinander aufbauen. Diese Erkenntnis dient als Grundlage für eine systematische, aufeinander aufbauende Förderung der emotionalen und sozialen Kompetenzen. Jugendliche führen uns diese Entwicklungsstufen vom individuellen psychischen Befinden zum sozialen Umgang mit anderen in ihrer Verhaltensentwicklung vor.

Durch die Gliederung der emotionalen Intelligenz in fünf Bereiche (s. Kapitel 3.1) werden Schülern und Lehrern Hilfen zur Strukturierung der emotionalen Lernprozesse angeboten. Schüler können auf diese Weise erkennen, welche Fähigkeiten sie schon erworben haben und wo noch Lernbedarf vorhanden ist. Lehrer können damit den Entwicklungsstand ihrer Schüler analysieren.

Durch die Förderung emotionaler und sozialer Kompetenzen werden nicht automatisch ethische Werte wie Toleranz oder Akzeptanz transportiert. So kann die Empathie beispielsweise missbraucht werden, um zu ermitteln, wie ich den anderen am besten schaden kann. Die konkrete Wertevermittlung muss durch andere Fächer oder schulische Lernfelder ergänzt werden.

Schüler lassen sich auf das emotionale Lernen nur ein, wenn der Lehrer seine pädagogische Rolle (s. Kapitel 4.5) ernsthaft füllt und mit seiner inneren Haltung signalisiert, dass Gefühlsäußerungen akzeptiert werden. Konflikte sollen vom Lehrer als Lernfelder aufgegriffen werden. Bei unangemessenen Verhalten sollen deutliche Grenzen gesetzt werden. Damit Lehrer in der Lage sind, in solchen Situationen pädagogisch sinnvoll agieren zu können, müssen sie sich ihrer eigenen Konfliktfähigkeit stellen. Dazu benötigen sie strukturelle Angebote zur Reflexion und Austausch.

Die Inhalte der emotionalen Intelligenz sind stark mit der eigenen Person und der Persönlichkeitsentwicklung des Schülers verknüpft. Dies führt die Schüler zu einem hohen Grad der Identifikation und Betroffenheit mit diesem biologischen Thema und kann daher zu intensiver Auseinandersetzung motivieren.

Das Konzept der emotionalen Intelligenz basiert auf einer natürlichen bzw. biogenen Entwicklung von Emotion, Gefühl und Bewußtsein. Es ist Aufgabe der Biologie, diese biologischen Zusammenhänge zu erklären.

Die Vermittlung der emotionalen Intelligenz baut auf einer Reihe einander bedingender Fähigkeiten auf. Deshalb ist es wenig empfehlenswert, wenn nur ab und zu die Schüler in emotionaler Intelligenz geschult werden. Vielmehr bedarf es eines transparenten und systematischen Curriculums für das Fach Biologie und für die gesamte Schule.

Die vorliegende Arbeit bietet ein Modell für den Biologie-Unterricht der Sekundarstufe 1. Vorstellbar wären weitere geeignete biologische Inhalte: Hormonsystem, Evolution, biologische Funktion der Emotionen (Ökologie des Menschen).

Fazit ist, die Schulung emotionaler und sozialer Fähigkeiten muss Mittelpunkt jeglichen Unterrichts werden. Das Konzept der Emotionalen Intelligenz bietet hierfür eine Grundlage, die für eine weitreichende Übertragung in die Praxis des gesamten Bildungssystems geeignet ist. Für die Elternberatung und die Grundschule liegen schon Konzepte vor. Die Umsetzung in die Praxis für Sekundarstufe 1, Oberstufe, berufliche Weiterbildung, Erwachsenenbildung und Lehrerausbildung steht jedoch noch aus.

6 Literaturverzeichnis

BILDUNGSKOMMISSION NRW (1995): Zukunft der Bildung – Schule der Zukunft: Denkschrift der Kommission „Zukunft der Bildung – Schule der Zukunft" beim Ministerpräsidenten des Landes Nordrhein-Westfalen. – Neuwied, Kriftel, Berlin: Luchterhand: 354 S.

BIRKENBIHL, M. (2002): Train the Trainer: Arbeitshandbuch für Ausbilder und Dozenten. – 17. Aufl. München: Redline Wirtschaft bei Verl. Moderne Industrie: 501 S.

BLOOM et al. (1976): Taxonomie von Lernzielen im kognitiven Bereich. – 5. Aufl., Weinheim in: BIRKENBIHL 2002, S. 147.

BOAL, A. (1989): Theater der Unterdrückten. Übungen und Spiele für Schauspieler und Nicht-schauspieler. – Frankfurt/Main: Edition Suhrkamp 1361: 274 S.

DAMASIO, A. R. (1997): Descartes' Irrtum. Fühlen, Denken und das menschliche Gehirn. - 3. Aufl. München: Ullstein Taschenbuchverlag: 384 S.

DAMASIO, A. R. (2002): Ich fühle, also bin ich: die Entschlüsselung des Bewusstseins. – 3. Aufl. München: Ullstein Taschenbuchverlag: 463 S.

DAMASIO, A. R. (2003): Der Spinoza-Effekt: Wie Gefühle unser Leben bestimmen. – München: Ullstein Taschenbuchverlag: 382 S.

DE WAAL, F. (1991): Wilde Diplomaten – Versöhnung und Entspannungspolitik bei Affen und Menschen. – Wien: Carl Hanser Verlag: 295 S.

DÖRR, M. & R. GÖPPEL (2003): Bildung der Gefühle – Innovation? Illusion? Intrusion?. – Gießen: Psychosozial-Verlag: 266 S.

FOSSEY, D. (1989): Gorillas im Nebel. Mein Leben mit den sanften Riesen. – München: Kindler Verlag: 415 S.

GLASL, F. (1999): Konfliktmanagement. – Bern: Verlag Haupt

GOLEMAN, D. (1996): Emotionale Intelligenz. – München [u.a.]: Hanser: 423 S.

GOODALL, J. (1986): Social rejection, exclusion and shunning among Gombe chimpanzees. – Ethol. Sociobiol. 7, 227-236.

GOTTMAN, J. M. & J. DECLAIRE (2000): Kinder brauchen emotionale Intelligenz: ein Praxisbuch für Eltern. – 3. Aufl. München, Zürich: Diana-Verlag: 304 S.

GREENSPAN, S. I. & B. L. BENDERLY (2001): Die bedrohte Intelligenz: die Bedeutung der Emotionen für unsere geistige Entwicklung. – vollständige Taschenbuchausgabe, München: Bertelsmann 447 S.

HEIMLICH, R. (1988): Soziales und emotionales Lernen in der Schule – Ein Beitrag zum Arbeiten mit Interaktionsspielen. – Weinheim & Basel: Beltz Verlag: 88 S.

HUSCHKE-RHEIN, R. (1998): Systemische Erziehungswissenschaft. Pädagogik als Beratungswissenschaft. – Weinheim: Deutscher Studien Verlag: 258 S.

JEFFERYS-DUDEN, K. & U. NOACK (1995): Streiten, Vermitteln, Lösen: das Schüler-Streit-Schlichterprogramm für die Klassen 5 - 10. - 1. Aufl. Lichtenau: AOL-Verl. 168 S.

LEDOUX, J. E. (2001): Das Netz der Gefühle. Wie Emotionen entstehen. – München: dtv: 382 S.

LORENZ, K. (1984): Das sogenannte Böse. Zur Naturgeschichte der Aggression. – München.

MEYER, H. (2000): Unterrichtsmethoden II: Praxisband. – Frankfurt am Main: Cornelsen Verlag Scriptor: 464 S.

MINISTERIUM FÜR SCHULE UND WEITERBILDUNG, WISSENSCHAFT UND FORSCHUNG, Hrsg. (1999): Richtlinien und Lehrpläne für die Sekundarstufe I, Gesamtschule in Nordrhein-Westfalen – Naturwissenschaften, Physik, Chemie, Biologie. – Schriftenreihe Schule in NRW, Nr. 3108, 1. Auflage, Frechen: Ritterbach-Verlag: 108 S.

NISHIDA, T. et al. (1985): Group extinction and female transfer in wild chimpanzees in the Mahale National Park, Tanzania. – Z. Tierpsychol. 67, 284-301.

OCHMANN, F. (2003): Die Macht der Gefühle. – stern 35/2003, S. 96-102.

ROTH, G. (2001): Fühlen, Denken, Handeln. Wie das Gehirn unser Verhalten steuert. – Suhrkamp 489 S.

SCHICK, A. & M. CIERPKA (2003): FAUSTLOS – Aufbau und Evaluation eines Curriculums zur Förderung sozialer und emotionaler Kompetenzen in der Grundschule. – in DÖRR, M. & R. GÖPPEL (2003): Bildung der Gefühle – Innovation? Illusion? Intrusion?. – Gießen: Psychosozial-Verlag: S. 146-162.

SCHWARZ-WEIß-BUCH III (2001): „Bildung in Not, Schule 2001". - GEW NW, Neue Deutsche Schule Verlagsgesellschaft mbH, Essen

SIMON, F. B. (2001): Tödliche Konflikte. – Heidelberg, Carl Auer Verlag.

SOMMER, V. (1989): Die Affen. Unsere wilde Verwandtschaft. – Hamburg: GEO im Verlag Gruner & Jahr: 348 S.

STAECK, L. (1995): Zeitgemäßer Biologieunterricht. Eine Didaktik. – 5. Auflage, Berlin: Cornelsen Verlag: 367 S.

STEINER, C. & P. PERRY (1997): Emotionale Kompetenz. – Wien: Carl Hanser Verlag: 256 S.

STEMME, F. (1997): Die Entdeckung der emotionalen Intelligenz – über die Macht unserer Gefühle. – Wilhelm Goldmann Verlag: 288 S.

WESTPHAL, U. (2003): Welche Kinder wollen wir? Emotionale Kompetenz in der Grundschule. – Baltmannsweiler: Schneider Verlag Hohengehren: 220 S.

BEI GRIN MACHT SICH IHR WISSEN BEZAHLT

- Wir veröffentlichen Ihre Hausarbeit,
  Bachelor- und Masterarbeit

- Ihr eigenes eBook und Buch -
  weltweit in allen wichtigen Shops

- Verdienen Sie an jedem Verkauf

Jetzt bei www.GRIN.com hochladen
und kostenlos publizieren